工作DNA

工作DNA

工作DNA

工作DNA

Smile, please

Smile 108

工作DNA 駱駝之卷
Work DNA: The Camel

作者：郝明義
責任編輯：湯皓全
美術編輯：林家琪+薛美惠
校　對：呂佳眞
法律顧問：全理法律事務所董安丹律師
出版者：大塊文化出版股份有限公司
台北市105南京東路四段25號11樓
www.locuspublishing.com
讀者服務專線：0800-006689
TEL：(02) 87123898　FAX：(02) 87123897
郵撥帳號：18955675　戶名：大塊文化出版股份有限公司

總經銷：大和書報圖書股份有限公司
地址：新北市新莊區五工五路2號
TEL：(02) 89902588 (代表號)　FAX：(02) 22901658
製版：瑞豐實業股份有限公司
初版一刷：2013年1月

定價：新台幣 250元
Printed in Taiwan

國家圖書館出版品預行編目

工作DNA. 駱駝之卷:中堅幹部 / 郝明義作.
-- 初版. -- 臺北市：大塊文化, 2013.01
面；　公分. -- (Smile；108)

ISBN 978-986-213-410-8(平裝)
1.職場成功法 2.生活指導

494.35　101025804

工作DNA
駱駝之卷
中堅幹部
Work DNA: The Camel

郝明義 Rex How 著

增訂三卷本總序

在工作的路程上，我有很多意外。

少年時期，許多師長期許我未來的工作和寫作、出版相關，但是出於叛逆心理，我卻一直排斥。直到後來畢竟進了出版業。

進入出版業之後，我一直認為自己可以做個編輯，不懂業務更別談經營管理。可是後來卻被提升到總經理的位置。

之後，我一直認為自己頂多適合專業經理人的工作，從沒有創業的興趣與動力。可是在突然的轉折之下，我不得不從零打造起公司，掛起董事長的頭銜。後來還不只一個。

一九九八年初版的《工作DNA》，本來近乎隨筆，記我個人在這個過程中的一些心得。七年後，趁著要出大陸版的時候，我在原書的結構下做了些補充，成為《工作DNA修訂版》。

初版的《工作DNA》把工作分了基層、中堅幹部和決策者三個層次。到修訂版時，我進一步把這三個層次形象化，成為鳥、駱駝和鯨魚，並增加了許多引伸和解釋。大約也在那同時，我開始思考是否應該把「鳥」、「駱駝」、「鯨魚」三種不同層次的主題分別獨立，各寫成一本書，讓各個主題有更充分的說明。

這個想法在心底起伏了很久。又過了六年之後，我終於完成這件事情，有了《工作DNA增訂三卷本》的〈鳥之卷〉、〈駱駝之卷〉、〈鯨魚之卷〉。

我希望，這三本書一方面可以因此而各自獨立、要表達的更清楚，另一方面也能保留最原始版本，也是我寫這本書的初心：一個工作者想把他心頭的點點滴滴，烤成一塊蛋糕和大家分享的心情。

所以，這還是一個人在他工作過程裡的筆記和塗鴉。很多時候他像在跟別人在說些什麼，其實更多的還是在自言自語。

初版前言

寫這本書，有一個遠的理由，有一個近的理由。

在工作的歷程上，我是個非常幸運的人。每個階段，都遇到願意提拔我的人，願意和我一起奮鬥的同事。因此，多少有些說起來應該不至於乏味的經歷和心得。

如果這些經歷和心得貢獻出來，能為某一天的某一位讀者，在他的工作生涯上有所參考，是否也可以算是對提拔過我的人、幫助過我的人的一些回報？

這是遠的理由。

一九九七年與九八年交關之際，工作量很大，壓力很重。我要完成許多責任極重的工作任務，並且時限卡在那裡，沒有一件可以前後挪動。

有一陣子，每天早上醒來，都有點懷疑自己是否能如期完成這些工作。

因此，當夏瑞紅來找我，要為《中國時報》浮世繪版開一個專欄時，我沒有考慮太多就答應了。

在當時喘不過氣的工作負擔下，每個星期寫一篇專欄，反而成了烘一塊蛋糕的想像。烘一塊蛋糕，喘一口氣，讓自己繁雜的思緒有個稍息的時間。

但，這個專欄必須是談工作的。

這樣，這塊蛋糕才有把握做得還可以下口。

這是近的理由。

在專欄開始的時候，我先想好了書的架構。

我一直都是個上班族。

所以，這是一本談工作的書，雖然也可以給個人工作和創作者參考，但主要是談上班族的工作，給上班族閱讀。

我也一直都在出版業工作。不過，這本書裡許多故事都在出版業之外，我希望出版業以外的上班族也能閱讀得很有趣味與體會。

於是，我先定好章節和其中可能的內容。

因此，現在您讀的並不是一本結集出版的書，而是一本一年前規劃好的書。

除了極少數和新聞相關的話題之外，這本書寫作的進度和內容都是既定的。出書之前，我再新加一些章節，調整一些文字，並且在有些文章後面增加一點後記，一點塗鴉。

因為談什麼事情都喜歡扯到工作，不少人說我是工作狂。

我不以為然（當然，沒有一個工作狂會自己承認的）。

我只是因工作而受益良多，因此對工作有一份感激之情。

因為工作，我從無知轉而大開眼界；因為工作，我從偏激轉而溫和；因為工作，我從毛躁轉而學習沉著。

也因為工作，我對生命的態度有了轉變。

一九八九年，在一個奇特的際遇下，我突然得知因為脊椎嚴重扭曲變形，自己可能來日不多。看著X光照出來的片子，我對自己脊椎所受的重傷目瞪口呆。

脊椎的2種畫法

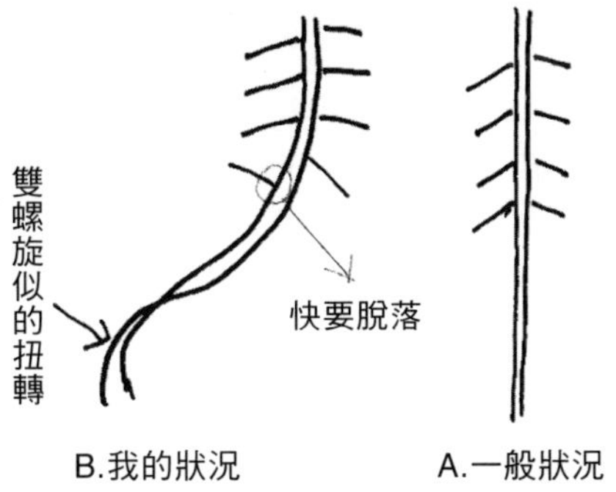

醫生告訴我：最好的選擇是不要上班，辭職回家，盡量做些趴著工作的事情，以免脊椎的創傷進一步惡化。

於是我一個人去了夏威夷的一個離島。

我要為了多活一些時間，而回到家裡做些靜態的工作，還是要盡情繼續現有的工作，最後脊椎隨時可能突然承受不住壓力而崩潰？

思索一個星期之後，我選擇了後者。與其為了多活幾年而設限生命，當然不如把生命濃縮於盡情的衝刺。

十年過去了，我並沒有死。但直到今天，脊椎的危機也並沒有解除（我常常嚷著要減肥，實在和美觀無關）。

我總是沒法把工作步伐放慢，部分是個性，部分和這有關。生命既然無常，應該盡量多加利用一點時間。

後來一路奔跑過來，有得有失，卻終究形成一些面對人生的態度。不是工作的觸媒，我辦不到。

工作對我的啟發，這還只是一點點。

工作早已是我們生活中佔最大比重的一件事情。

就一個上班族而言，無論喜歡與否，我們對自己最親密的人，以及對自己最深感興趣事物所能付出的時間，不論在質或量上，都永遠難以和工作相提並論。

所以，我們怎麼看待工作，就是怎麼看待生命，如何善用工作，也就是如何善用生命。

這不會因為行業或職位的相異而有所不同。

每個人都有一個工作。每個工作都在訴說、啟發其特有的意義。

只看我們是否能夠傾聽、領會。

九八年初要寫這本書的當時，不知道和後來的發展比起來，當時那點工作壓力其實根本算不得什麼。

同樣的，當時也不知道每個星期做一塊蛋糕的過程，逐漸還多了點跟自己對話與提醒的味道。

也就是說，蛋糕做著做著，自己也吃起來了。
而現在，蛋糕送到了您的眼前。
希望您喜歡。

奮進吧，駱駝！

工作的人，大致可以分為三種階段：出社會不久的新鮮人、中堅幹部，與高層主管。這三個階段的人，可以比擬為三種動物。

剛出社會不久的新鮮人，像是一隻鳥。剛剛孵化，開始要學習飛翔的小鳥。

工作了一段時間，成為公司或組織裡的中堅幹部之後，成了一隻駱駝。

有幸，或者有需要，從中堅幹部更上層樓，成為一個公司或組織的決策者，那就是成了一條鯨魚。

三種動物，各有不同的環境，各有不同的生存條件，各有不同的發展機會與風險。如果我們能認清這些，那就比較可能讓自己生存得更自在一些，比較可能擺脫一些近於宿命的糾纏，也比較可能發生更有力的進化。

這本書講的是駱駝的故事。

工作了一段時間，成為公司或組織裡中堅幹部的人的故事。

這段時間，你已經在工作崗位上累積了相當的經驗與能力。因此，你的公司、你的上司願意信任你，或者使用你，一再把沉重的工作負擔交付下來，讓你承擔。你的生活裡，大致已經成了家，或者為人父，或者為人母，有你的家庭責任要盡。你已經不像小鳥那樣可以任意飛翔。甚至，有變動的機會給你，也已經不習慣輕易嘗試。

你像一隻駱駝。

駱駝只能在茫茫的沙漠中行走。

上司，像是沙漠中頭頂的烈日；屬下，像是腳下火燙的沙子。兩相煎熬。而你只能忍辱負重地行走，默默地行走。

駱駝的機會，在於看起來幾乎沒有任何風險。

你職位上的工作，大都已經駕輕就熟，不但熟，還是全公司裡最熟的。新進的屬下，沒有你了解；比你資深的上司，可能已經離開這個工作太久，沒有你記得清楚。你是一個可以被依賴的中堅幹部。

駱駝的風險，在於看起來幾乎沒有任何機會。漫漫黃沙，一望無際。你被託付了重任，所以一切都理所應該。甚至，加在你身上的重擔太多，根本就連你的身影也淹沒。

你不但是一隻駱駝，還是一隻被遺忘的駱駝。偶爾，在夜裡匐地休息的時候，你望著天邊的流星，會許個願，希望擺脫這個宿命。

駱駝的工作基因，是專業與沉穩。

不發揮這兩點，即使你已經成為駱駝，也行走不了多遠。甚至，容易成為被劫掠的駱駝。

你越能善加發揮這兩點，越能讓自己成為荒沙大漠中最令人心安的身影。甚至，有需要，有可能的話，進化為下一階段的鯨魚。

但，並不是成為鯨魚之後，你就不需要駱駝的基因。

固。

你會發現，即使成為鯨魚，如果你能不忘保有駱駝的基因，你的發展會更踏實、更堅固。

同樣地，在駱駝的階段，你如果能繼續保有鳥的基因，你如果能及早植入鯨魚的基因，那你會發現，原來你就是移動的長城。

奮進吧，駱駝！

鳥的熱情與勤快，像一顆顆星星。

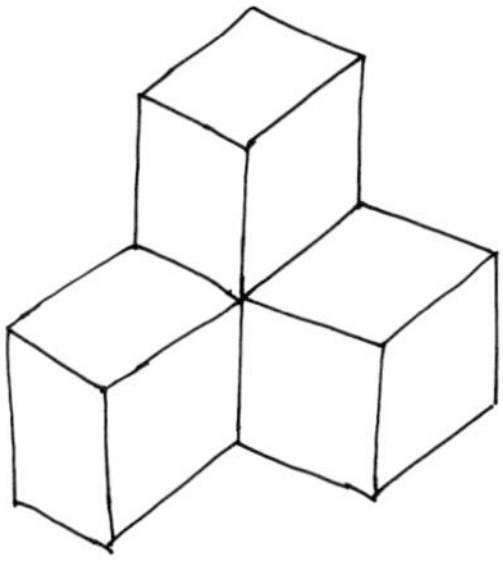

駱駝的專業與沉穩，像一個個磚塊。

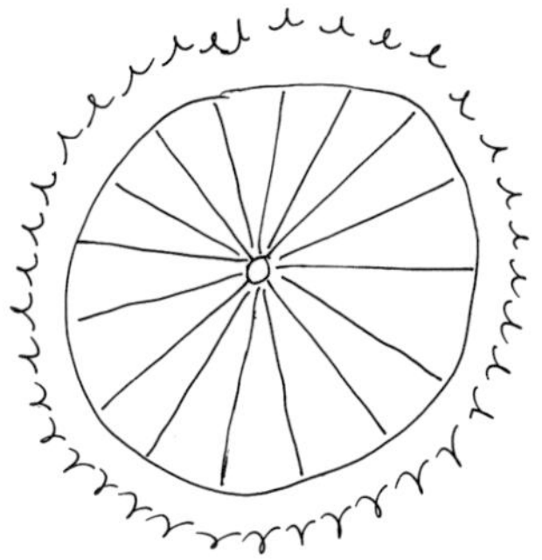

鯨魚信仰的價值與永無止歇，
像一個風火輪。

駱駝之卷　目錄

2 觀念

3 方法

4 故事

8 附錄

1 心態

更上層樓的充分與必要條件

如果說三十歲之前的第一個階段，是靠我們的努力與勞力來工作，那麼三十到四十歲的這第二個階段，我們就要靠專業與經驗來工作了。

就世俗一點的說法而言，如果前面的階段是在基層裡面磨練，現在則是可以更上層樓，向一個新職階挑戰的時候了。

怎樣判斷自己是否已經可以進入這個階段？

在主觀上來說，要進入這個階段，大致可以體會到幾件事情：

一、你已經在自己工作的技能上擁有了足夠的知識。工作牽涉到的上下游環節是怎麼運作的，都已經相當明白。

二、即使沒主持過，也參與過一些重要任務。這些任務中，有成功的，更有失敗的。成敗經驗可以七三開，但絕不能沒有失敗的任務。沒有失敗的任務，表示你對這個工作的探索還不夠，在這個工作上接受的訓練還不夠，體會也還不夠。

三、因此，你對自己能力有所掌握，換言之，已經可以體會到自己的強弱所在。知道如何發揮自己的所長，避免暴露自己的弱點。

四、也因而懂得觀察別人的工作，可以體會競爭對手的強弱所在，以及對方在工作上出招的意義及其作用。

五、要有自己承擔成敗的準備。

六、因此，有信心也有準備去帶領某一些人的運作，以及這些人與其他單位的協調。

七、所以，你對自己更上層樓之後可以做些什麼不同於別人的事情，大致已經有個想像與看法了。

當然，這些都只是更上層樓的充分條件。另外，還有必要條件。必要條件就是機會。

然而，機會之出現，有其因緣，不是受個人意願左右的事。讀章回小說，不免看到這樣的人物：「懷才不遇，抑鬱以終」。懷才沒有一定要遇的道理。大致可以比方為買愛國獎券沒有一定會中的道理。

我聽到一個很好的說法是：「機會是一個怪物，一個頭髮長在前額的怪物。所以要抓住機會，跟在它後面跑是沒有用的。你一定要等在它的前面，看它過來，就攔頭一把抓下。」

所以，機會不能去追尋，而只能等待。只是這種等待有時是很漫長的，很寂寞的。但如果對自己有最大的信心，就不怕這種漫長與寂寞。

等待機會，諸葛亮當然是最瀟灑的代表；左宗棠，則是最顛簸的代表。清末的名將裡，左宗棠幾乎是在最後才亮相的，他在長期為他人作嫁當幕僚的過程裡，對自己登台的機會還能一直保持最高的挑剔選擇，真是精彩。

機會和「類職位」

機會，和愛情，有些相通的地方。

每個人都憧憬一見鍾情的相遇，震動心靈的相知。然而，真實世界裡的狀況，多不如此。

沒有百分之百美好的機會，也沒有百分之百不堪一試的機會。如果面面俱到，毫無風險，就不足以稱之為機會。機會的魅力，總在百分之九十九的黑暗之中，你可以看出那百分之一的光明。

所以，最好的機會，往往就是最可怕的機會。

就一個要脫離基層或是更上層樓的人而言，要有心理準備：要接受機會，就是要接受不可能的任務。

越好的機會，來得越不輕鬆、容易。道理很簡單，輕鬆容易的事，人人都會搶著要。人人都要的東西，通常不會輪到你。

你還要有個心理準備，準備接受一個叫做「類職位」的東西。

「類職位」指的是：一種接受起來有些彆扭的職位。通常，這種職位不是帶著一個臨時發明出來的名稱，就是你會被告知這個職位只能存在一定的時間。

凡此種種，你可以感覺到人家又要在短時間裡利用你，又對你不是那麼放心；似乎有一定授權，但是又可能隨時撤走、收回。這些都可以稱「類職位」（廣義來看，當然所有的職位都是「類職位」）。

在一個企業，或是上司的立場，提出類職位的想法絕對是可以理解的。當他提出一個不可能的任務時，他當然很樂意看到在一片避之唯恐不及聲中，有一個人願意站出來說：「我來！」他的直覺雖然告訴他，就讓你一試，但是等他稍微冷靜一點時，理性卻不免懷疑：「此何許人也？」

於是，你很可能就會伴著一個不可能的任務，接下一個「類職位」。

常常，有人在這個時候會出現抱怨。或是抱怨上司既要交付他這麼重大的任務，又不肯充分信任他、支持他；或是抱怨自己都抱著當砲灰的準備上場了，卻沒有獲得應有的尊重等等。等他的抱怨大到一定程度後，就乾脆下了「你們既然如此，我又何必賣命」這種結論。結果，任務和職位果然就都不可能了。

要這樣抱怨的話，就好比一個已經要捐軀成仁、殺上前線的人，卻因為別人送行的晚餐準備得不夠豐盛，而又卻足不前。

還記得葉公好龍的故事吧。一個號稱對龍情有獨鍾的老先生，等到真正的龍受了他的感動而現身的時候，他卻受不了這種刺激。

機會也是如此。我們每個人都希望追尋機會，等待機會，掌握機會。但是等一個風雨交加的夜裡，機會真正來敲門的時候，我們卻可能先受不了風雨中帶來的泥濘。

我很感激：在我自己成長的過程，碰過很多機會，也接受過不少「類職位」。想起來，那些經歷總是甜蜜的，也是關鍵的。

起步的三個注意

你終於有了一個機會。你終於可以憑仗自己累積的專業與經驗來工作了。這真是人生最美妙的經驗之一。

這個時候，有件事一定要反覆思考：你要做的事情，如何和別人有所不同。

絕對不能因為說是這個機會得來不易，所以就採取守勢，因循一些所謂保險與安全的方法。如果保險與安全的方法行得通，以前比你有資歷的人，就更可以把這件事情做好，輪不到你。

思考做一些和別人不同的事情，也就是所謂的「市場定位」與「市場區隔」。你必須把自己的定位與區隔，和別人清楚地劃分開來。這種劃分，有兩個原則可以參考：策略面上，一定要和別人反其道而行；技術面上，一定要緊盯別人。

換句話說，設定自己的定位，一定要對自己有最大的信心，找一個最特別的利基，不必和任何人走同樣的路子。但是，在執行這個策略的時候，你在方法和技術上則要吸收所有人走各種不同路子的精華，取其長而補其短。否則，你空有最特別的構想，卻沒有行動的能力。

毛澤東有句名言：「在戰略上要藐視敵人，在戰術上要重視敵人。」正是類似的道理。

這個時候，有一件事情一定不能放在心上：成敗得失。

事情的成敗，牽涉到很多因素、機緣，不完全是個人主觀因素所能控制的。我們唯一能做的，就是「多算勝，少算輸」。只要把我們所累積的能力和經驗做了最完整的發揮，即使輸了，也可以體會到自己在什麼地方把力量放盡，什麼地方又根本沒有力量。於是，我們沒有什麼遺憾，只須承認技不如人，回去把不足的地方再磨練、再加強就是了。

相反的，如果一開始就為了成敗而患得患失，處處不前不後，不進不退，那麼，成功了，你也沒學到經驗；失敗了，你也拿不準到底是什麼因素。日後，你要改進也無從改進，你要回去磨練，也無從磨練。

這個時候，還有一件一定不能理會的事：別人的眼光、注視，甚至關切。

從你開始接受這個機會起，就一定會引來別人的眼光。開始踏出和別人有所不同的步伐之後，你就會接受更多的注視。其中，有正面的，有負面的；有善意的，有非善意的；有批評的，有建議的。

一律不要理會。

這些都和你要做的事無所相干。

你要做的，只是掌握這個機會，把你所擁有的專業和經驗施展出來。

如果你的專業和經驗不夠，這個時候要因為別人的關切與建議而臨時抱佛腳，已經來不及。如果你的專業與經驗夠了，這個時候別人再批評再攻擊，你也不為所動。所以，不管別人在偷笑還是在關切，都和你無關。

剩下的，只是實行。

你有過這樣的回憶吧！

剛剛開始獨當一面，要把自己的能力爆發出來，做些事情的心情，勉強說起來，和初戀有些相似吧。

你又希望這件事情就此天長地久，但是甜蜜中又有許多生澀與緊張。你希望全天下的人都能夠分享這份欣喜，但又在波動中有些不安。

好好享受這些甜蜜與緊張，欣喜與不安吧。不管成敗如何，光是這些過程，就是我們一生永遠珍藏的回憶。一如我們在某個冬夜第一次愛上的那個人。

我真正獨立扛起成敗的任務，從編輯、生產，到行銷與管理全部負責，是三十歲那年的事。雖然還不是一個獨立的公司，但已經是一個麻雀雖小，五臟俱全的利潤中心。

那是一本已經四十年歷史的雜誌，我的任務，就是要給這本雜誌改版，讓它能走上主流的發行市場，卻又維持出版這樣一本雜誌應有的特色與精神。換句話說，又要和當時的領導品牌競爭，又要做出不同的味道。

從開始醞釀，到後來加速，到最後產品上市，那真是一段回憶深刻的日子。

有長達兩個月的時間，我每天只睡兩小時。每一分鐘，你都可以感覺到自己的腦波在運轉，甚至，幾乎可以聽到運轉的聲音。產品的定位、內容的區隔、美術的包裝、印製的特色、行銷的通路……每個運轉，都在比對你累積過來的經驗：「我在做的，是不是當真沒有和別人重複？」每個運轉，都在考核你自認為相當充分的專業才能：「這樣做下去，是不是當真可行？」

又好像在做快速拼圖，你的腦海裡不斷地浮現各種產品的影像，你飛快地運用自己手邊擁有的資源來拼貼這個影像，你不斷地隨自己的條件來更換這個影像，甚至全部毀掉再重來一個影像（當時是多麼地自以為經驗老到在處理這些事情。而今天回想起來，其中又有多少強自鎮定的青澀）。

當然，每天只睡兩小時的結果，也帶來些副作用。

後來，連那兩個小時也幾乎沒有睡著，眼睛是閉著的，身體是疲倦的，但就是整個思緒在以最高速運作著。在自以為最沉的睡眠中，隔壁房間鬧鐘指針的走動聲，十樓之下巷道裡的狗吠聲，卻像情人的低語，那麼輕，又那麼清楚地不讓你漏掉任何一個音節。你知道事實上身體是有了點問題了，但，你要做的事情卻已經要有個形貌出現了。

又有什麼關係呢？

你畢竟開動了。全速開動。

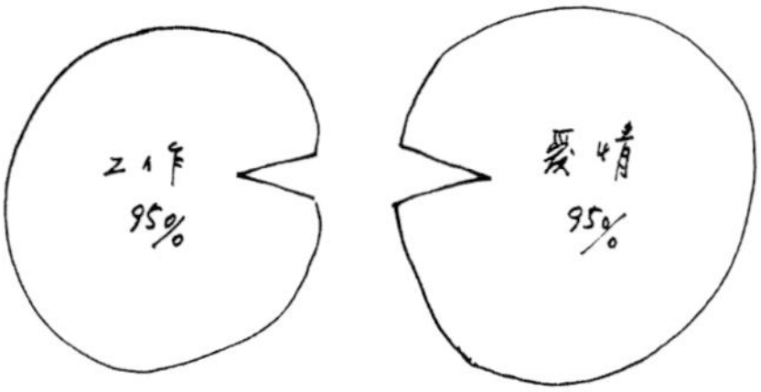

工作佔生命95%的人，
和愛情佔生命95%的人，
為什麼合不來的原因。

有一個朋友的重要

在我們全速前進的日子裡，如果有一個朋友能體會你在做什麼，可以和你分享一些感受，那是極為美妙的經驗。

我很幸運，身邊一直有這樣的朋友。多年前，當我為一個新登場的舞台而衝刺的時候，尤其有一個很戲劇化、從沒見過面的朋友。

朱邦復。

我「認識」朱邦復，是那之前再兩年，在另一家雜誌工作的事。一天晚上去上電腦課。忙了一整天，本來有點昏沉，但是臺上的講師談到這位倉頡輸入法的發明人，也是中文電腦的先行者種種特立獨行的傳說，我卻突然清醒了。

聽著聽著，我決定要寫一篇這個「怪傑」的報導。

這可真成了一個挑戰。

他既然怪嘛，和別人就談不上什麼來往。沒有訪問的對象，沒有人寫過他什麼，資料極難找。他本人已經離家去國，到美國定居，但沒有人知道他在美國的聯絡方法。原先創立的公司，也已移轉給同仁，同仁對他的了解，只限於表面。

憑著熱情，和極大的運氣，我還是在沒有採訪他本人的狀況下，蒐集到我要的材料，寫了一篇報導。

兩個月後，我收到朱邦復一封信。他顯然深深為「想不起」曾經認識我這個了解他如此之深的人而煩惱。

我們就這樣成了朋友。純粹是書信的朋友。連電話都沒通過。

他那時躲在美國，準備以一己之力，與別人傾國之力發展的智慧電腦一別苗頭。知道的人都說他瘋了。但是我當然相信他。

後來那本雜誌停刊，我失業了三個月左右。朱邦復寄了張照片給我。是他的工作室。電腦桌前，有張他的椅子，有張他左右手沈紅蓮的椅子，還有張空的椅子。他說是給我留的。

只有他這種瘋子，會想到和我這樣一個當時對電腦一無所知的人，一起開發別人認為是癡人說夢的智慧電腦吧！

我沒有去（唔，顯然我比較理智）。我接下一個四十年老雜誌的改版任務，開始一段每天只睡兩個小時的衝刺。

但是在別人都已沉睡的深夜裡，在一片凌亂的案頭與地板間，我一面為工作的進展而興奮，而激動，一面會望向夜色深沉的北方，握握拳頭：「嘿，朱邦復！」

朋友的激勵，可以是一句話，輕輕的一拍，一個眼神的交換，也可以只是心底的一個承諾（我和朱邦復通信五年後第一次見面。前些日子，他告訴我，有一位年輕人寫信給他要和他一起工作。這個年輕人上小學的時候讀了一篇有關朱邦復的文章，立下了這個志願。就是我寫的那篇文章）。

後記：在成長的過程裡，朋友一直是我最重要的滋養。青少年時期，朋友幫助我形成了一個健康的人生觀。出了社會之後，我有許多又是同事又是朋友的伙伴，在工作上相互激盪。當然，我必須還要感謝一些人。在一些關鍵時刻，他們往往拿出一種比我自己對自己還要強烈的信心，還要寬容的支持，來陪我走過風風雨雨。

有一個對手的重要

我們需要朋友。我們也需要對手。

朋友可以從感情上帶來最好的鼓勵，對手則可以從理智上帶來最深的刺激。善用對手的刺激，可以學到最重要的工作方法。

為什麼朋友反而不能？

兩個理由。

一、朋友是「並肩作戰」的。並肩的人，觀察只及我們側面的一邊而已。不容易看出真正的弱點，所以也談不上如何建議補強這些弱點。

對手不是要和你正面衝突，就是要從背後殺你個措手不及。不論從正面攻擊還是背後偷襲，他們的觀察最全面。

對手發動攻擊的時候，必須針對你的弱點，來展現他們的所長。所以，光是從他們的攻擊中，你就可以體會他們最強的是什麼，而你最弱的又是什麼。

二、有時候，朋友也會看到你一些弱點。然而，弱點就是瘡疤。指出一個弱點，就是揭一個瘡疤。朋友都太珍惜和你的友誼，不捨得傷了你的感情，破壞和你的來往，所以，朋友往往最不可能直話直說。指不出你的弱點，你也就學不到本領。

何況，朋友都是免費的。免費的知識，來得太容易，不容易珍惜。

所以，我們在情感上需要朋友，在知識上需要對手。有一個相互比較競爭的對手，往往可以帶來可長可久的成長。

孟子說：「出則無敵國外患者，國恆亡。」就是這個道理。

然而，很多人沒法這樣看待對手。由於對手和敵人往往只有一線之隔，甚至一體兩面，所以，對手也很容易引伸成仇人。如此這般，看待對手的時候，首先就混雜了情緒。

敵人和仇人的一切，當然是不好的。哪有向敵人和仇人學習的道理。

不少人在碰到對手的時候，首先是不屑（覺得對手的東西不怎麼樣），再來是憤怒

（發現這不怎麼樣的東西竟然有很多人喜歡，還威脅甚至超越自己），最後則是不能在他面前提到對手的隻字片語。

其實，越是敵人和仇人，可學的才越多吧。對方要消滅你，一定是傾巢而出，精銳畢至。在他們使出渾身解數的時候，也就是傳授你最多招數的時候（敵人為了激怒你、傷害你而使出的一些下作手段，就不是任何其他老師能教你的）。

所以，如果你有個對手，很強的對手，你應該打從心底歡喜。就像每天要照照鏡子，你要每天都仔細盯緊這個對手，好好欣賞他，好好跟他學習。

而最好的學習，永遠來自於你和他交手，被他擊中的那一刻。

為受傷而叫好的時刻

學武的人，都要懂得睜大眼睛，看清楚別人的拳頭和刀子是怎樣舞動的。即使刀子最後闖入空門，刺進身上，也一定要看個清楚。看清這一次，下一次就多一分保命的機會。在武的世界裡，這是性命攸關的問題，不能馬虎。在文的世界裡，表面上看來，牽扯不到立即的生死，所以容易輕忽這個道理。然而，注意對手的每一個動作，其道理及重要是完全相通的。

最好的學習，永遠來自於和對手交鋒，被他擊中的那一刻。這並不表示因而就要故意被敵手擊中。最重要的，是在被擊中的那一刻，千萬不要因為痛苦、緊張、憤怒而亂了手腳。你要懂得在痛苦中品味另一種快感；終於有人有一招是你無法招架的，可以好好揣摩一下其中的奧祕。往往，傷得越重，你越有深刻的體會，越可能重新鍛鍊自己，改造自己。

所以，我們被擊中的時候，不但要沉著，甚至要冷靜到因為自己被擊中而暗暗叫好一聲。

有時候，表面上看來，你從對手身上得到的學習機會，沒有那麼直接、明顯，然而，光是承受他帶給你壓力的這一件事，就是很珍貴的機會，日後仍然可能會發揮很大的助益。

多年前，我接任一個公司的經營。因為清理一些合約問題，所以和一個原來相識、甚至可以說是朋友的人發生了立場和利益上的衝突。他採取了很激烈的手段回報。黑函、電話騷擾，源源而來，公司上上下下被困擾了很長的一段時間。

剛開始碰上這種事情，當然面紅耳赤，不知道如何反擊，也不知道如何自處。但是隨著他的攻擊火力越來越旺，上的課越來越多，越來越精彩，我也就逐漸掌握如何應對。大約一年之後，我可以很輕鬆地不把所有的攻擊當作是攻擊了。他看我果然不為所動，也就停火了。

停火一陣之後，他約我在福華飯店吃西餐。見面第一句話，他說：「郝明義，我可是非常看得起你。我沒有因為你身體的不方便，沒有因為你是我的朋友，沒有因為我認識你的太太，而對你絲毫手下留情。我該發動的攻擊，都發動了。我對你可沒有放水。」

我對這個年紀算得上前輩的先生，也欠了欠身子，表達了對他的謝意。

我的確應該感謝他。等到日後又遭遇到一些類似的狀況時，若不是他給我上了一些基礎訓練，不可能那麼淡然面對。

人世間的事情，大都談不上真正的深仇大恨，主要不過是立場的衝突罷了。一旦雙方的立場有所轉換，利益和衝突的因素也就會轉變、消失。所以，不要隨便把對手視為敵人或仇人，帶進太多情緒化的東西，這樣我們才可能冷靜地觀察對方，客觀地審視自己。

也唯有這樣，我們才能從交手的過程中學到東西。

細膩的心思

成為駱駝久了之後，對周遭的世界很容易麻木。

新手階段陌生的工作方法，已經老練；工作程序，熟門熟路；業務對象，稱兄道弟。

一天又一天的日子，在穩定中重複著。

就像背負著重擔的駱駝，在無邊無際的沙漠中一步步前進。而入目的景色，除了黃沙還是黃沙。

於是，比起基層和高層，中層幹部會更不由自主地開始注意一些生活上、工作上的細節比較。這是一望無際的黃沙使然。你只有從一些小細節的比較上，才能體會到自己腳步的變化，以及環境的變化。

如同膽固醇可以分為好的膽固醇和壞的膽固醇兩種，中層幹部這麼細膩的心思，用到不同的方向，也會有好壞不同的效果。

用在工作上，是個很好的方向。

由於這時對於自己的工作與業務可以深入體會到一些極細的地方，所以中層幹部可以把許多工作執行得極為細緻。也因為對工作細節的掌握最為充分，所以在公司這所大學裡，中層幹部又是新進同仁的講師，最能帶領他們對公司的作業進入狀況。

中層幹部又被稱為中堅幹部，正是因為如此。

然而，太細膩的心思，也可能用到別的地方。

中層幹部也可能是最愛比較待遇的一群人，比較同事的待遇，比較同業的待遇。

這裡的待遇，不只是指薪酬，而是來自老闆的一切待遇——包括老闆一個小小的稱許，一個關愛的眼神。道理很簡單，在乾枯的沙漠裡，任何一點小水滴，都可能產生巨大的效應。

所以，一不小心，中層幹部細膩的心思，也可能讓他／她只注意到自己不如別人的地方。什麼事情，都是別人的待遇好了一些。越這樣想，沙漠裡的日子越不好過。越不好過，越要這樣想。

中層幹部細膩的心思，得好好運用。

最佳狀態

在一個中層的位階上，人的事情也要特別留意了。

因為，一方面你繼續是別人考核與觀察的對象；一方面，你也有了自己要考核與觀察的人。

不論自己希望被提拔，更上層樓，或是想要提拔別人，找個得力的助手，都要對人的因素有所了解。

人的因素很多，其中最先談論的，當然是能力。

不過，能力是一個名詞，卻有兩個面向。

一個是能，講究能量的強弱。

一個是力，講究力量的穩定。

能力的強弱固然重要，穩定更不在話下。強大而不穩定的能力，就好像《天龍八部》裡段譽的六脈神劍。力量使得出來的時候，固然石破天驚；力量使不出來的時候，則令人膽戰心驚。

對一個工作者，這不是一個很正面的評價。

談這個問題，證券大師巴菲特（W. Buffett）的說法最好。

他覺得一個人的能力，好比一具引擎的馬力。能力大，當然馬力就大。但是，馬力大，和這具引擎能不能順暢地運作，卻是兩回事。有的引擎，八百匹馬力，但是運作得不順暢，只能打個五折，結果最後實際出來的馬力只有四百。另外一個引擎，六百匹馬力，但是運作得相當順暢，力量可以發揮得出九成，於是，最後實際出來的馬力反而有五百四十馬力。巴菲特說，他用人的時候，寧可取這個六百匹馬力的引擎，也不選八百匹馬力的引擎。

所以，能力要強，更要穩定。

很多人只注意到自己能力很強的一面，卻沒有發現不穩定的一面，因此一旦發現升遷和成長的時候，自己沒有雀屏中選，就不免怨氣沖天，這種怨氣反映在情緒上，就進入惡性循環。一個「懷才不遇」的人物，也就被自己製造出來了。

但是，要怎樣維持穩定的力量？

第一，全神貫注在自己的工作上，換句話說，也就是工作最主要的目的就是不斷地思考，並且磨練自己能力的加強，以及穩定。以外的，小事歸於枝枝節節，大事歸於機運，都不必放在心上，徒亂心意。

第二，隨時相信，這就是自己的最佳狀態。

不論自己勝利還是失敗；不論環境順利還是不利；不論工作夥伴默契十足，還是宛如外星人；不論自己面對的任務是有經驗又有把握，還是前所未見又沒有倚靠；任何狀況，我們都要告訴自己：這就是我們的最佳狀態。

應對自如地瀟灑前進，這是最佳狀態。

創傷累累地匍匐前進，這是最佳狀態。

困頓顛簸，原地盤旋，這是最佳狀態。

奄奄一息，生死不得，仍然是最佳狀態。

貴人是怎麼出現的

在職位升遷的過程裡，有些偶然的因素，以及不可言說的因素。其中，照中國說法，有一個因素可能最為重要：有沒有貴人相助。貴人。

多年前有一個廣告片。一個年輕小夥子在路邊幫了一位先生一個忙，後來那位先生再出現在他面前的時候，竟然是位大公司的老闆。我記得片子的配樂是《我的未來不是夢》。

真實生活裡，貴人的出現可能更要意外。但，也可能出現得更合乎邏輯。我們會遇到什麼樣的貴人，什麼時候遇到，有時候也不是不能預測。所以我說很合乎邏輯。

人為什麼和別的動物不同，走路是站著走，而不是爬著走？人在工作的時候，為什麼總要坐著，而不是趴著（當然，少數工作例外）？為什麼到需要休息，或是昏睡，或是做些不需要理智的事情的時候，我們才會躺下來？

頭腦是人最重要的存在。我總覺得頭腦就像是一支天線。不只是頭腦的內部軟體運作像是天線，頭腦的外部硬體也像是天線。你看過什麼天線是倒在地上來運作的？所有的天線都要拉直、拉高才能發送電波，接收電波。這是我認為人在清醒的時候總要坐著、站著，或者說，坐著、站著才能保持清醒的原因。

你在思考什麼，這支天線就會發出什麼頻率的無線電波。你喜歡思考什麼，這支天線就會接收什麼頻率的無線電波。這種無線電波看起來很無形，不如透過語言來收發那麼具體，但是語言可以修飾與偽裝。我們說要看一個人，除了「聽其言」，還得「觀其行」，就是這個意思。

總之，經常思考黑色電波的人，就一定傳播不出金色的電波，接收不到紅色的電波，也遇見不到藍色思考電波的人。所謂物以類聚，正是如此。

工作的時候，我們的思考越強烈，就會傳播越強烈的電波。電波越強烈，越一

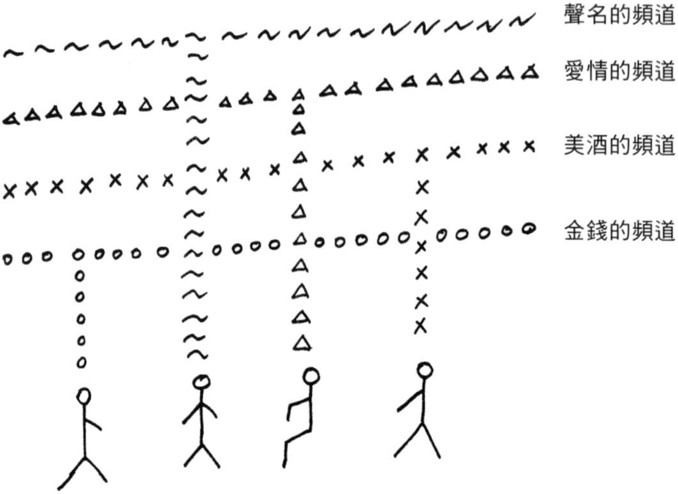

空中有很多思想的頻道。你想念什麼，就會散發什麼電波，接上那個電波的頻道，和同樣頻道上的人溝通。

致，就會吸引越多相同頻率的人。這些相同頻率的人當中，總有人會對你產生一些決定性的助益。這種人，也就是所謂的貴人。

所以，在等待貴人的時候，千萬不要看到某人碰上了什麼貴人，就自怨自艾為什麼你卻碰不上這樣的人。他是那樣思考、活動，所以就會碰上那種貴人，你不那樣思考，不那樣活動，所以就不會碰上那樣的貴人。但是，你一定可以碰上和你相同思路、相同電波的貴人。只要你思考得積極，電波散發得夠強烈，並且長期持續。注意，光是強烈還不夠，還一定要長期持續，前後一致。否則人家不容易找得上你的頻率。

如果我們有這樣的信心，不要因為外境的變化而反覆改變自己的思考方式、電波頻率與顏色，那麼，貴人就會接上你的頻率，在應該出現的時候出現。

最後，談貴人的時候，千萬不要只顧得眼睛往上看。貴人是可能從上方拉你一把的人，也可能是從下方推你一把的人。

貴人的真面目

愛情故事裡，最後男女主角歷經種種考驗之後，有情人終成眷屬，從此過著幸福美滿的生活。

武俠小說裡，主角一路尋求名師，歷經種種磨難後，終於得償宿願，在某個山谷中得到隱居多年的五大高手以畢生功力相傳，從此任督兩脈打通，無敵天下。

在工作的世界裡，也有種類似的故事。一個人，在職場裡打滾了多年之後，有一天，一個貴人出現。他有了需要的職位，他有了需要的資源，從此大展鴻圖。

真實的狀況，不是這樣的。我們知道，這些故事都太過美化，也太過簡化。但是，到底美化、簡化到什麼程度呢？

等待著貴人的出現，我們常說自己希望「更上層樓」。說起來總讓人想到在黃鶴樓上輕搖羽扇，悠哉悠哉地看著江上風光，就更上層樓。

我們也常說「脫胎換骨」。說起來總想到經過高人指點之後，一副眉清目秀、神清氣爽的模樣。好像脫胎換骨和小針美容沒有什麼差別。

然而，更上層樓是一種急遽的位能變動。要完成這種位能變動，不經過一番筋疲力竭的掙扎，身心耗盡的奮戰，根本不足以奏功。但是，我們卻輕易忽略這個驚心動魄的過程。

脫胎換骨，更是任何帝王切開也難以比擬的手術。何況最可怕的是：脫胎換骨的手術沒有麻醉藥好打。你必須緊盯著自己的骨頭是怎麼一節節被移動，被更換，才能真正體會到為什麼要動這個手術的好處。

而隨著逐步向上攀爬，你開始有機會從一個高一點的角度觀察自己剛才的立足點。於是，你發現：原先心曠神怡的立足點，其實是一個即將崩塌的險崖。同時，因為有機會從近一點的距離觀察原先渴望一探究竟的高處，所以你又發現，青翠宜人的峰頂，其實壁立千仞，峻峭險惡。

更上層樓，是一個山窮水盡疑無路的追尋，既後退不得，又前無去處，絕不是拾級而上，還可以吟詩作樂的過程。沒有經歷冷汗遍體夜不成寐的試煉，你不會了解自己為什麼有這個需要。

脫胎換骨，是個痛徹心肺，卻又一聲不得嘶喊的過程。

不錯，如果有貴人相助，我們可能更上層樓，脫胎換骨。但是，在更上層樓與脫胎換骨之前，我們最好有些心理準備。

2 觀念

情緒的力量

今天是一個講究「專業」的時代。大家追求的不只一技之長，還要有多技之長。但是隨著看過的人越來越多，我發現最少在企業的世界裡，一個人所學、所長的專業固然重要，但是真正在工作表現上傑出、受到大家注意的人，其實另有關鍵因素，那就是與專業無涉的一些基本功。

這些基本功，通常都是新出社會時候所養成的，或者說訓練出來的。隨著就業的資歷增長，擅長的專業精研，早年這些基本功也許會隱而不見。然而，有太多例子告訴我們，這些「基本功」不只是對剛進社會的新鮮人才有用，越到高層，越到資深位階的時候，最後決定成敗的，往往都不是所謂的「專業」能力，而是這些「基本功」。

我把這些「基本功」歸納為四件事情，八個字。

其中，第一件事情，就是「情緒」。

永遠要練習控制自己的情緒。

就一個剛出社會的新鮮人，或者在公司裡的小職員來說，練不好「情緒」這個基本功，你要承擔的後果就是：永遠沒有機會在職場的階梯往上攀爬，或者說，總要在不同的公司與相同的情緒裡一直飄蕩。

就一個已經在職場站上高位，或者在自己行業裡達到高峰的人來說，練不好「情緒」這個基本功，承擔的責任與後果就要更大。歷史上，因為「衝冠一怒」而造成的悲劇或戲劇性轉折，不可勝數。事實上，越高層的人，成敗都是自己造成的，尤其是自我毀滅。因此，換到今天的商業世界來說，若你沒法掌握自己的情緒，讓自己公司的發展停頓不前還是小的，更嚴重的是，注定要讓自己的公司陷於動盪或動搖。

二〇〇六年世界盃足球賽義法冠軍戰，席丹（Z. Y. Zidane）那一頭槌，是個很好的例子。

延長賽下半場五分鐘，離終場還有十分鐘的時候，一九九八年領軍法國贏得世界盃冠軍的英雄，這次又是法國隊隊長，同時也將以這場冠軍戰作為自己引退賽的當代足壇傳奇巨人，席丹，卻因為和義大利隊員馬特拉吉（M. Materazzi）發生爭執，當著全球十五億觀眾的面，一頭把對方撞翻在地，接著，被紅牌罰出場。

其實，席丹這一場踢得真好，起碼就下半場及延長賽前二十分鐘來說，他完全展現足球中場大師的魔力，掌控全局，義大利幾乎所有的攻勢都輕易就被化解。

那麼，最後那十分鐘，不只是這場冠軍戰的最後十分鐘，也是他十八年足球生涯的最後十分鐘，這位一向球風、人品風靡全球足球球迷的大師，闖下一個惡意的撞人犯規，葬送法國隊贏球的機會，讓自己以極不名譽的方式離開了足球場，並且，永遠在別人心目中留下美聯社所謂的「最醜陋一幕」，再沒有翻身挽回的機會。

馬特拉吉到底是用什麼言辭來辱罵和刺激他的，已經不重要。重要的是，席丹上了鉤，發洩了自己的情緒，也把自己和法國隊的光榮成績一併葬送。

我們若不想到席丹那種巔峰時刻犯下無法控制情緒的錯誤，那就該從今天開始努力練習不要受情緒的干擾。

情緒不只可能是壓垮駱駝背上一根草的重量，也可能是突然從天而降的一顆隕石的重量。

承諾的範圍

第二個基本功，是「承諾」。

做生意，很怕碰到一口一個「行」字的人。因為一連串答應你「行」的人，最後往往證明都是「不行」。

這個問題沒什麼奇特，因為古話有云：「輕諾者寡信」。不論他說的是「行」，還是「可以」，還是「沒問題」，只要輕易答應的人，就容易輕易反悔。大部分人都不是天縱英明，思慮總難免欠周，所以，輕易說「行」的事情，等他回去仔細一思索，發現自己思慮不及之處後，就要反悔。

任何工作中的人，重視自己的承諾，都是最重要的基本功。要練習這個基本功，就得從不輕易承諾開始；要練習不輕易承諾，就得從不輕易從自己口中吐出「行」、「可以」、「沒問題」這些字眼開始。其中，「行」這個字只有單音，吐起來格外容易，有些人簡直把它當成英文交談中那些「umhuh」等應聲字來使用了，所以，對「行」這個字要格外當心。

輕易說「行」的人會認為，生意在沒有白紙黑字簽成合同之前，口頭的話都是不算數的，說個「行」字不算什麼。但是一個真正知道上進的人，知道自己價值的人，絕不如此。「君子一言，駟馬難追」。他時時刻刻提醒自己，從自己口中吐的一個「行」字，就等同簽了合約。就算對方事實上沒有聽清楚、忘記，他也絕不拿自己的「行」字打任何折扣。

不打任何折扣，就是不打「任何」折扣。任何細節都不打折扣。不只產品尺寸、規格，不只交易金額、時間、方法、地點，任何細節都不打折扣。真正重視承諾的人，一定會重視合約。不重視承諾的人，不會重視合約。

新進社會的人，可能會覺得自己人微言輕，承諾什麼或不承諾什麼，都不重要。然而，承諾的價值，與其說顯示在承諾的內容中，不如說更顯示在如何實踐承諾的行為上。

所以，不輕易承諾別人——不論大小事。然而，一旦承諾，就要全力以赴，不惜付出任何代價讓自己的承諾兌現。即使是新鮮人，也永遠不要因為自己的職位與資歷而小看自己的承諾。小看自己的承諾，就是小看自己。

紀律的作用

第三項基本功，是「紀律」。

「紀律」和「用功」、「努力」這些說法有點類似。

我們從小開始，就常聽師長要求我們這些，就對這些說法耳熟能詳。不過，別人要求是一回事，能不能為我們真心接納，成為我們自己性格與行為裡的一部分，是另一回事。

因此，這裡說的「紀律」，是「自我要求的紀律」。

就本質來說，紀律與「承諾」是一體兩面，它的作用很清楚，不多贅言。這裡我想就方法的層面，來談談紀律的重要何在。

工作，沒有人不想進步的。工作想進步，最重要的就是掌握工作的節奏——何時進行什麼工作，何時完成什麼工作的節奏。然而，節奏也者，很容易受一些外在與內在因素干擾。譬如，環境的影響，或自己的心情。

自我要求的紀律，就是不讓任何外在或內在的因素干擾到自己，讓自己維持一定的工作節奏。起初，我們會透過紀律來掌握節奏，接著，我們也會透過節奏來維持紀律。

這種紀律，有兩個作用：一，是讓我們許多基本工作能力，可以自動地發揮出來；二，由於許多基本工作能力可以自動地發揮出來，所以我們會有多出來的腦力和時間，這可以用來做更進級、更有創意挑戰的工作。

如果我們沒有紀律，則是一種相反的情況。我們對自己工作的程序、方法、時間都無法掌握，因此我們即使有許多基本工作能力，這些能力也都需要我們有意識地去調度，而無法自動地發揮。又因為是有意識地調度，所以，一來會有疏忽，二來會消耗精力。所以我們剩不了多少腦力和時間可以用來做更進級、更有創意挑戰的工作。

紀律有「質」與「量」兩個面向。

如何掌握工作的節奏，是追求紀律的「質」。如何加大工作的訓練，則是追求紀律的「量」。

至於訓練的量應該如何加大，一個人可以如何要求自己，我從一位先生那裡得過相當的啟發。

我就他的說法整理了一下，又加了引伸之後，可以這麼說：

人，都是想接受訓練的，也想要求自己接受訓練。

譬如說，你想成為一名長跑選手，因此開始訓練自己。等規定自己每天早上要跑一千公尺之後，有的人早上睡睡懶覺，三天打魚兩天曬網，就把訓練給泡湯了。

有的人可以堅持得久一點，平時絕不曠課，但是，碰到比較大的風雨天，就還是會鬆懈下來。

再有些人，可以堅持得更深一些。不但不論風雨，他都每天訓練自己，並且逐漸加大長跑的時間，還持之以恆。

但是我印象最深的是，他談到真正的絕頂高手是怎麼訓練自己的。絕頂高手，則是在狂風暴雨中嚴格訓練自己一天，筋疲力竭地回到家之後，擦把汗，換件衣服，再回頭衝進屋外的風雨。

紀律與訓練可以如此結合，才有力量。

誠實的功能

在我經營的公司裡，沒有訂什麼複雜的工作守則。但是有幾個清楚的No，也就是希望同事不要犯這些問題的毛病。

其中有兩點是：

不要不懂裝懂、不懂不問

任何人都有自己能力與理解不及之處。因此，遇上不懂，不明白的事情，一定要問個明白。不懂裝懂，不懂不問，是所有不勝任問題的起源。

不要掩飾問題

任何事情，都不可能萬無一失。因此，工作總會出現問題。但是，出現問題不要掩飾。掩飾問題，再小的問題也沒法改善，甚至進一步惡化。

這兩個No，都是強調「誠實」的功能。

在今天的社會環境，把誠實列為工作者的「基本功」之一，實在有點突兀。我們看到太多人擁有著鉅額的財富，或者其他聲望，但是言行卻並不誠實。所以很容易會以為，誠實是一個過期的神話，或者只是紙面上的說法。在真實世界與生活中，誠實只是愚蠢的代名詞。

我這裡不想從道德面上來講誠實的作用，只從功利面來談誠實的作用。

誠實，有兩個好處。

第一，是節省你撒謊的時間與精力。不誠實，你就要撒謊。撒謊，是建構一個不存在的事情。這需要很大的精力與時間。一旦撒了第一個謊，你就要用三個五個其他的謊來圓第一個謊。而對於這輔助性的三五個謊，每一個你都可能需要再用三五個謊來圓。雖然說有人是撒謊不打草稿，信口就是，並且，有些謊是一時之間無法拆穿的，但我總相信：謊言是有其極限的，越大的謊越有拆穿的一天。更何況，撒越大的謊，需要越大越多的精力與時間。划不來。

撒謊最麻煩的是，為了說服一個最知道真相的人，也就是你自己，你必須自我催眠，或者自我逃避。為了讓自己徹底接受謊言所建構的內容，你一定不能誠實地面對自己。雖然說人前人後可以有兩套說詞，但是那容易使自己分裂，一旦分裂，謊言就容易出現漏洞。所以，越大的謊言，越需要催眠自己逃避真相。但是，一旦逃避真相，你就沒有機會真正地看清自己犯下的錯誤，以及如何補救，如何避免重蹈覆轍。

所以，誠實的第二個好處，是你永遠可以直視自己說過的話，做過的事情，檢查其中到底有哪些問題，應該如何改進。不面對問題，不知道如何改進，工作怎麼可能進步？所以，誠實有非常實質與實務上的好處。

羞恥的推動

二〇〇六年的台灣報紙，打開來有許多很刺眼的新聞，以及新聞人物的說話。

其中，最刺眼的，應該是一些人的行為被人指出不當之處時，他們會以過去的現象，別人的問題拿來對比，強調為什麼不去看那些人的不是，而要專挑他們的問題。

簡言之，這是在比爛。

可以談的基本功雖然很多，最重要的一點，是背後要有一種根本的推動力：羞恥之心。

不論是談情緒，還是承諾還是紀律還是誠實，人要有羞恥之心，才可能不停地檢視自己不足之處、缺失之處，然後設法找出改進之道。相反地，如果沒有了羞恥之心，到了凡事出現缺失都先去找別人更不堪的例子來自我安慰，甚至找一些風馬牛不相及的事例來混淆焦點，模糊自我缺失的時候，那就是遑論任何自我改進的可能，連自我的存在都要毀滅的時候。

羞恥之心在哪裡？說起來，這麼無形的東西很玄。

但羞恥之心也很清楚、很具體。

下次當你的工作被指出問題所在之處，當你的言行被指出不當之處的時候，如果你感覺到自己的耳朵、背脊轟然熱了起來，那就是羞恥之心。甚至，如果你為之十分沮喪、低沉，那也恭喜。因為那也是羞恥之心。

羞恥之心，是一種刺激。是這種刺激，在逼使我們啞口無言，無顏以對，進而決心同樣的錯誤絕不再犯，甚至突破前進之道。

沒有了羞恥之心，就是沒有了榮譽感。沒有了榮譽感，就是沒有了追求工作成就的胃口。不論在任何崗位上，你的工作是不可能做好的。

行業與職業的時態

不論是在上班族的中層主管世界裡，還是自己創作性工作的世界努力了相當一陣子之後，難免面對一個問題：這個工作、這個行業，或這個公司當真適合我嗎？

到了高層主管之後，問這個問題已經太晚了。在新進基層的時候，問這個問題又太早。所以，在一個中等程度的主管或工作時，不妨認真思考這個問題。

所謂中等程度，我認為是在這個行業裡工作了十年左右的時間。

思考這個問題的時候，有很多顧慮因素，然而最重要的還是回歸到行業，或是職業的基本特質。如果是行業或職業基本特質適合自己，那麼即使一時的環境或角色不對勁，只要改變一下環境或自己的角色即可。反之，如果基本特質不對，那麼一時的環境或角色讓你虎虎生風，那也只是運氣或湊巧，不足為恃。

如何區分行業的特質，有很多方法。其中有一個，是時間。

有些行業，是屬於未來的。譬如電腦和資訊業。這種行業以「先進」為產品。產品在問世的時刻，往往就已經過時了。更別提上市三個月的產品。行業裡的人物，永遠要樂於活在一個比現實快幾步的世界裡。

有些行業，是屬於現在的。譬如餐廳和許多娛樂行業。這些行業以「新鮮」為產品，最重視的當然就是今天、現在。行業裡的人物，永遠要樂於和即時的變化互相反應、搏鬥。

有些行業，是屬於過去的。譬如古董拍賣。這種行業以「陳舊」為產品。行業裡的人物，永遠要自得其樂於故紙堆裡、歷史掌故之間。

當然，有些行業則是混合的，未來加現在（譬如月刊），或現在加過去（書店）等等。

我自己在書籍的出版業裡工作到現在，深深為這個行業著迷的，就是書籍出版是一個兼顧了三個時態的行業。

書籍出版，現在當然是很重要的。出版切合當前社會需要議題的產品，出版轟動一時的熱門產品，都需要投注「現在」。

許多書籍的研發或寫作，又往往要牽涉到三五年，甚至是十年二十年以上的時間，所以，又需要投注「未來」。如果光是注重「現在」，難保三五年、十年後的風光。

書籍出版，最珍貴的資產，又往往是「再版書」，也就是過去的產品。一個出版公司的再版書多，才能可長可久。所以，出版工作的人，又要不時回頭檢查一下過去的作者和書籍。

當然，同樣一個行業或公司，因為職司不同，對時態的投注也有所不同。同樣是電腦業，研發部門是「未來」時態，銷售部門則是「現在」時態。

人對時間的觀點與敏感度大有不同。因此在判斷自己個性和行業屬性的時候，可以從這個角度來參考一下。

創造還是交換

除了職業或行業的特質之外，還要認清自己工作的取向。

比較常聽的說法是，工作取向有兩種：一種是做事，一種是做人。

我們也可以這樣區分工作的取向：一種是創造的，一種是交換的。

這裡所說的創造，不同於創作。交換，也不同於交際。

講究個人創作的工作，不見得一定就是創造。講究人際交往的工作，也不見得一定就是交換。

以一個繪畫的人來說吧。繪畫是創作。然而同樣是繪畫，有人埋首追求自我畫藝的精進；有人則花很多精神思考如何強化自己的知名度，如何推廣自己的畫作。所以，固然都是在做創作的工作，前者是創造的成分居多，後者則是交換的成分居多。

政治是個人際的工作。但是，有些政治人物擅長於開創未來的構圖，有些政治人物則擅長於交換眾人的力量，掌握現實的機會。亞歷山大大帝和拿破崙都是以個人的開創性而鋒芒畢露的政治人物，是前者的代表；漢朝的開國之君劉邦，則是另一個相對的極端，後者的代表。

創造和交換，沒有一定的優劣之分，而只有取向的不同。頂多，再看一點動機的高下。重要的是，看自己的取向，能不能配合行業或職業需求的特質。

行業或職業，如果需要絕對的創造或絕對的交換，比較好辦，我們很容易判斷自己適不適合。但是大部分行業或職業卻是混合的，可以用創造來發揮，也可以用交換來發揮。所以，更要特別細心地體會自己的取向。

同樣一個編輯工作，同樣一個行銷工作，同樣一個人事行政的工作，往往可以因為主事者善於創造，還是善於交換，而產生截然不同的面貌。

最可惜的，明明自己善於交換，卻要嫉妒善於創造的，因而非要排擠別人不可；最不值的，明明自己善於創造，不妨多忍耐一些孤獨，卻要不平於別人善於交換，因而憤世嫉俗。不論創造還是交換，重點畢竟還是在工作上。

不過，要交換，應該提醒自己不能把是非、人格也都交換。否則，一不小心會把自憐自艾或一意孤行錯以為是創造。

懂得創造或交換的人，其實都是聰明人，聰明人怕的都是以少為多，沾沾自喜，結果半途而止。

所以，如果有幸，我們會發現，最大的創造之中，會出現最多的交換。最多的交換之中，也會出現最大的創造。

認清自己是屬於創造還是交換，越早越好。但是最晚到中堅幹部這個層級，一定要明白這是怎麼回事。否則，接下來的路很難走下去。

「動中見靜」與「靜中見動」

很多人都把「書」和「雜誌」包括在「出版業」裡。但這兩者其實大不相同。在國外，如果你說你做的是Publishing，那人家一定還要再追問一句：「那你是Book People，還是Magazine People？」

我在出版業的三十多年裡，剛開始的十年左右，做的雜誌工作比較多，從月刊到週刊，接觸過許多類型。後來的二十多年，做的則幾乎都是書的工作，從單本的書到系列的書到成套的書。

也在這個過程裡，我逐漸體會到雜誌和書的工作不同，以及所需要的特質和能力也不同。

雜誌的工作，要能夠「動中見靜」，書的工作，要能夠「靜中見動」。

雜誌的工作，因為是期刊性質，所以從表面上看，大家都注意到它要和以月論以星期論以天論的新聞、時事相結合。因而採訪的、攝影的要去追話題，編輯、美術也要做相對應的配合，整體說起來就是十分動態的。至於雜誌所涉及的發行與廣告業務等，就更不在話下。

書的工作，大不相同。因為書稿的來源在作者或譯者，他們沒有進行創作，或者創作沒有完成，則後面的工作都沒法展開。而創作或翻譯，動輒要以年論，甚至以十數年或數十年論。編輯不但要在這長時間裡持續和創作者對話，拿到書稿後，還要花上相當長的時間進行工作。而大部分的書在出版之後，主要追求的是能夠長期銷售，爆紅暢銷相對屬於例外。所以，從表面上看，書的工作十分靜態。

但是若以為雜誌的工作是動態的，所以就以動制動，或者說以為書的工作是靜態的，所以就以靜對靜，那可能就要出問題。

我說雜誌是要「動中見靜」，是因為雜誌雖然是動態的，但是要把雜誌辦好，卻必須在每個月每個星期變化不斷的話題、趨勢、人物中，始終堅持一個讀者可能覺察或可能體會得到的長期主軸。更別提如果能在眼花撩亂的一期期雜誌裡，始終維持住一種屬於這本雜誌所特有的文字寫作、美術版型、圖表製作以及封面視覺風格，有多麼重要了。這都是「動中見靜」的工夫。沒有這種工夫，雜誌可能辦得花俏，但也可能在花俏中迷失。

書要「靜中見動」，則是另一個極端。不論作者是為了要暴得大名，還是藏諸名山，還是流傳後世所嘔心瀝血、字斟句酌的創作，在問世之前都是水波不興的。因此，負責出版的人，必須早於任何人之前，就能把一股股不同的水流引導到適當的方向，使之一旦問世，能夠產生或是拍岸驚濤，或是涓涓長流的作用。更別提如果是遇上以綿密的文字為主的書，如何以字型與空間排列出作者與譯者想要表達的或澎湃，或婉約，或寧靜的旋律，如何在相對需要沉靜的封面設計中展現出這一本書所要傾訴的情感。這都是「靜中見動」的工夫。沒有這種工夫，做書的工作就會呆滯，也無法讓自己（包括個人與公司）在移形易位中成長。

「動中見靜」和「靜中見動」的比較，不只是存在於「雜誌」和「書」的工作之中。許多其他行業也可以應用。如果能仔細體會、比較一下，有助於了解自己是否真正適合手邊的工作，或者說，是否能做好這個工作。

你的行業是什麼作用？

出版業是個很奇特的行業。過去，我們稱之為文化事業，近來，則經常稱之為文化產業。從「事業」到「產業」，固然已經是邁進了一步，把出版業和其他行業在許多層面拉上了一個共同的討論基礎，但畢竟前面還冠了「文化」兩字。也因為「文化」這兩個字的作用，出版業的管理和其他的產業相比，不論從別人的觀感或自我的認知上，總有些「異類」的感覺。

出版業之所以會在管理上「異類」，我一向認為要歸因於出版的兩種作用。一種是物理作用，一種是化學作用。

物理作用，指其中有規律，可以量化，可以計算，可以推論的那個部分。

化學作用，指其中大有變化之學，上次實驗和下次實驗所得，可能天南地北的那個部分。

印製成本的控制、會計報表的呈現、倉儲貨架的管理，甚至發行通路的鋪貨，都算是物理作用。你可以設計一套機制、模式、方法，來進行數字的管控。在一個物體上以什麼角度出多大的力，這個物體會出多大的功，是可以計算出來的。

選題的策劃、編輯的概念、美術的設計，以及促銷與宣傳的配合，卻很像是化學作用。你可以有理論，有歸納，有數據，然而，很奇怪地，同樣的配方，卻不見得得出同樣的結果。同類的創作，這位作家的作品總是受到歡迎，那一位卻總是被冷落；同樣一位作家，上一本作品還大受歡迎，下一本卻大不如前。一本書的書名變動兩個字，封面設計變換一個顏色，結果能造成完全不同的銷售結果，這種化學變化差異性之大，就更不必說了。

所以，我們也可以換個說法。

物理作用，發揮在「產業」上，是一種組裝的作用，也可以說是理性的作用。

化學作用，發揮在「文化」上，是一種調合的作用，也可以說是感性的作用。

有的出版公司，物理作用很強，因此即使是缺乏化學作用的能量或爆炸，靠一定的機制就可以向前運作。

有的出版公司，化學作用很強，因此即使是物理作用顛簸難行，三不五時還可以靠化學作用的能量或爆炸，向前推進。

但，出版公司在發展到一定規模之前，可以在物理作用與化學作用之間，擇一而行；出版公司要發展到一定規模之上，卻非物理作用與化學作用兼有其妙不可。

出版業的「物理作用」與「化學作用」，其實也存在於其他產業。這一點，使我以喜以憂。以喜的是，畢竟有許多事情是可以參考別人的規則與經驗；以憂的是，出版業的管理做不好，沒什麼「異類」的藉口好找，只能乖乖地用功了。

你的行業，又是哪一種作用？

從駛酷特到服務

整個一九九〇年代，我每年至少來一次紐約。但每次來，都停留很短的時間，不超過一個星期。所以對紐約的認識，始終連走馬看花都談不上。

今年，因為來紐約要住一段比較長的時間，所以找了一台Scooter使用。（台灣稱之為「電動代步車」，下文我叫它「駛酷特」。）

過去我使用駛酷特，都是在外國的書展會場，這次是第一次騎著在城市裡移動。這種移動，又分了兩個階段。

第一個階段，是只知道使用駛酷特的本身而已。難忘的一次，是在曼哈頓五十八街，叫了一輛廂型計程車載我到下城的蘇活區去赴一個約。（駛酷特設計得可以方便拆裝放進車裡，所以走遠路就叫計程車。）但那天突然下起大雨，預訂的計程車塞在路上，眼看就算來了再趕過去可能要遲到一個小時，我決定乾脆自己一路冒雨騎過去。

年少的時候，不缺在雨中拄著拐杖行走，淋一身濕的經驗。這次是多年來第一次又在雨中行進。那天我趕到蘇活，只遲到了十五分鐘，一頂皮帽加風衣也保護得我沒有淋濕。最重要的是，我騎著駛酷特長距離移動了六十條街。

第二個階段，是知道怎麼再加接使用地鐵。紐約的地鐵，不像台北的捷運，每一站都有輪椅升降的電梯，但每條線都是每隔多少站，就會有電梯。以我使用駛酷特的情況來說，這就太方便了。不但整個曼哈頓都可以隨意探索，連其他幾個區也都去了。總之，不是每一站都有電梯的不便，和紐約地鐵整體覆蓋網的便利相比，是瑕不掩瑜。

因為這些經驗，所以對紐約提供身障者的便利，體會格外深刻。所有的人行道都方便輪椅或駛酷特行進，每個街角都有平緩斜坡方便上下，是最基本的。即使是臨時施工的街道，也一定會在施工影響你上下的地方加搭一個臨時斜坡。都是很小的地方，但卻是沒有就會讓你很麻煩，有了可以讓你感到很方便的安排。

至於去餐廳，或者電影院、劇場，總會有人安排駛庫特的特別位置，還可以幫你充電這些服務，也不在話下。

這些體會，幫我對「服務」這件事情多想了一些。商業活動，大家都知道「服務」的重要。在台灣，大家會說「客人至上」；在韓國，會說「客人就是國王」。可是這些觀念，都仍然主要是在「服務」和「交易」相聯接的層次。提供「服務」的多少，仍然和客人願意付出的價格有關。

紐約是資本主義的大本營，在這方面當然也更發揮得淋漓盡致。但是從紐約提供身障者的種種便利來看，他們的「服務」觀念裡，還有更深的層次。有屬於個人主義的，更有屬於基本人權（human rights）的。他們之重視身障者的行動便利，不是出於提供什麼特別福利的角度，而是保障任何人都有同樣行動自由的基本人權。

這個觀念，可以擴大應用到任何服務業裡。想想看，當一個需要你提供服務的客人找上門的時候，如果你想的不只是可以賺他多少錢；不只是自己提供服務可以如何樂在其中；而是把他當作一個某些基本人權需要被滿足的人來看待呢？

我自己這麼想了之後，很有收穫。

3 方法

我們能掌控什麼？

如果以名利來論工作，不論就外人還是自己，似乎都比較容易看出成績。拋去名利，工作不但成了一件得失寸心知的事情，並且，往往是寸心難知。

有沒有什麼易知之道？有沒有什麼可以幫助自我檢驗的標準？

我自己在使用的測試辦法是自我掌控。也就是透過自我掌控程度的測試，來評估自己能力的進退。

這個測試的第一個項目，是「立場」。

第二個項目，是「方向」。

第三個項目，是「方法」。

第四個項目，是「慣性」。

立場、方向、方法、慣性，是進行任何工作都必須掌控的步驟。四者相互關聯，交替影響，對最後的成績各有作用。不過，仍有其先後順序，好比建造一座高樓，地基越是扎實，成功可能越大。

立場，就是最根本的地基。做任何事情，要先認識自己的環境，看清自己的立場。如何看清自己的立場，在千軍萬馬中怎麼看，在混沌不明中怎麼看，要不斷地練習、掌控。

有了立場，就會有原則。根據這個原則，就會發展出方向。但是你有你的立場和方向，別人也有別人的立場和方向。有人會明著來衝撞你的方向，有人會暗地迂迴來影響你的方向，如何在眾聲喧嘩中抓穩自己的方向，也要不斷地練習、掌控。

你要掌控你的方向，別人也要掌控別人的方向，方向和方向交錯之間，就不免崎嶇難平、刀光劍影。所以，在顛簸前進中如何過關斬將，這又需要方法，也要不斷地練習、掌控。

方法用多了不免重複，不免技窮，應毋為人所趁，也應毋故步自封，所以過去失敗的慣性固然要打破，過去成功的慣性也要顛覆。如何在慣性思考與行為中隨時給自己當頭棒喝，也要不斷地練習、掌控。

立場、方向、方法、慣性。

不論在任何時刻，不論做任何事情，都可以提醒自己來做個分析，做個訓練。像個旁觀者一樣盯緊自己的每一步動作。

當然我們會出錯。或是我們明明以為清楚自己的立場了，但是事後才發現根本就拿捏錯了。或是立場抓對了，但是經不起別人各種理由的遊說，又把方向搞反了；再或者，立場和方向都掌控得很不錯，結果卻是執行的方法出了很大的紕漏，把一局絕妙好棋下成一局死棋。

但又有什麼關係呢？

如果立場、方向、方法以及慣性是在自己的掌控下進行的，而最後的結果一場糊塗，那是說明我們歷練不夠，才能不夠，技不如人。結果雖不如意，一切都已盡其在我。相反地，如果我們掌控不住自己的立場、方向、方法以及慣性，那麼即使最後的成果大獲全勝，那也只是運氣太好，應該汗顏。

要判斷自己能力的進退，與其看事情的成敗，不如反省這些掌控力道的消長。

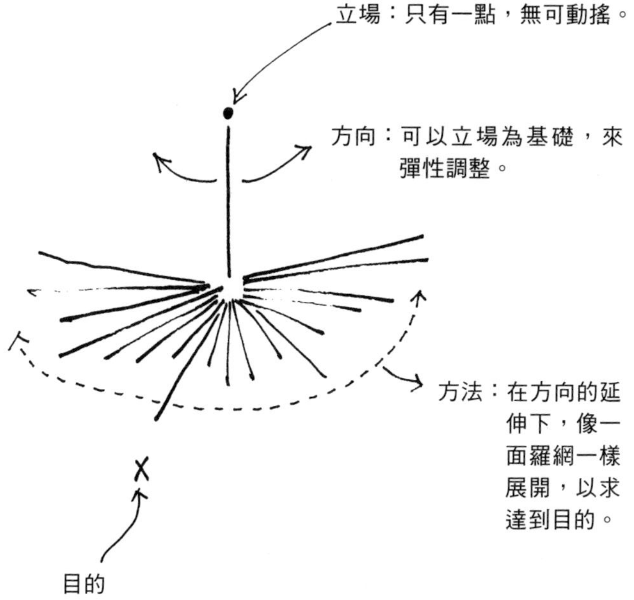
立場：只有一點，無可動搖。
方向：可以立場為基礎，來
彈性調整。
方法：在方向的延
伸下，像一
面羅網一樣
展開，以求
達到目的。
目的

立場的層次

處理一件事情的立場，就好比建造一棟樓房的地基。最根本。

從人生，到生涯規劃，到日常的工作與生活，我們每天面對每一件事情，處理起來都牽扯到立場。只是大多覺焉不察，或習焉不察。

大家最容易想到的一個立場，是利己的立場。人不為己，天誅地滅。

表面上看起來，這是一種方便又有利的立場思考，但事實不然。這種思考可能最粗糙也最沒有利益。起碼有兩個不利點。

第一，這會使我們在思考立場上失去彈性。換言之，也就是面對問題失去彈性。

我認識一個人，以前以高階經理人的身分負責一個企業。由於他一切只是為了厚植實力，準備將來創業，因此對內則上下其手，對外則廣結善緣。後來他如願創業了，但是公司也沒成功。

他念茲在茲廣結善緣的思考，到了自己創業之後，失去了作用點。面臨自己當家做主之後的局面，他失去了立場思考的彈性，一切變成從頭再來。

第二，我們很難體會立場思考的細密之道。

舉例來說，碰上任何問題，就站到自己的立場，或自己家人的立場，自己部門的立場，當然是個辦法。但是，長期這樣偷懶，萬一碰上對自己左右皆不利的時候呢？如果是自己家人、自己部門裡左右手發生衝突的時候呢？

所以，立場必須隨情況、人物、時間，以及自己身分而不斷地思考、判斷。

通常，在一件事情上，我們往往會發現自己的立場可以不只一個。有的壓力大，有的壓力小。這個時候，更要格外掌握住自己的分寸。

所謂掌握分寸，就是至少要呼應兩樣東西：一個是自己的身分；一個是自己的信念。在身分上，最忌的是假公濟私。在信念上，最忌的是前後不一。

譬如說，經商的人，究竟要抓一個一切弱肉強食的立場，還是像胡雪巖說的「前半夜想想自己，後半夜想想別人」的立場？從政的人，究竟要抓一個有所為有所不為的立場，還是所謂任人便溺的立場？讀書的人，究竟要抓一個經國濟世的立場，還是一個諤諤之士的立場？

這都是些比較大的信念上的立場（信念的立場，當然還有更大的）。

因此，我們可以說，掌握立場最難的，就是個別事情上雖然有很多變化的立場，但是又不能違背自己的身分和信念。

但是，我們也可以說，掌握立場最容易的，就是不論個別事情上有多少變化的立場可以選擇，但是一定不能違背自己的身分和信念。

抓得住立場，不保證抓得住接下來要處理事情的方向和方法，但起碼我們可以對得起自己。

只要我們經常練習，經常拿捏。頭破血流地練習，加上頭腦清晰的反省，甚至頭昏腦脹的反省，總會發現立場在一貫與變化中可以展現的層次。

後記：寫這篇文章的時候，我在參加一九九八年的法蘭克福書展。當時台北傳真來告訴我，我們被捲入一個意外的法律糾紛。在一個疲累的早上寫這篇以及下一篇文章來提醒自己，並決定接下來的行動準則。

方向的風雨

事情有了立場之後，就要思考處理的方向了。

本來，有了立場，方向是自然展現的。立場掌握得越清楚，方向也就會看得越清楚，一脈相連。但是為了練習，也可以分成兩階段思考。

一般來說，我們每天起床之後，這一天要做些什麼事情，去些什麼地方，心裡總有個譜，總會掌握個方向。越大的事情，卻越不然。在一些重要事情上，或是像人生的長期規劃上，反而很容易忽略方向。

很諷刺，也很自然。

說自然，是因為在一天的生活裡，我們需要跨越的時間區隔不長，可以小時和日為單位，很多重要事情處理起來，則需要以年月為單位。時間單位小，參與人數和變數也少，當然容易掌握方向。

說諷刺，是因為在跨越時間長，參與人數和變數多的事情上，方向很容易混沌不明，本來應該格外留心，但是卻反而經常以此為藉口，放任自己走一步算一步。

方向會混沌不明，是因為每個人各有立場，因此也就各有不同的方向。各種方向交錯參差、影響，當然頭緒就不會清楚。一旦別人在他的方向上加重推擠的力量，而我們自己卻把持不住自己的方向，那就很容易昏頭轉向，無所適從。

經常有的狀況，是本來你要走一條風雨交加的路子，卻有人遊說你走另一條鳥語花香的途徑。走風雨交加的路子，會摔倒，會沾泥巴，一不小心，狼狽不堪。走鳥語花香的路子，輕鬆愉快又賞心悅目，還容易有吃又有拿。

我們到底要選哪條？

有人會說，當然是趨吉避凶。說得有理。但如果只是如此思考，現實世界裡，更多的狀況是沒有百分之百的風雨交加，也沒有百分之百的鳥語花香。每條路看來都有得有失。

自己選擇的機會多，別人遊說的理由也多。在這種狀況下，又要選哪一條？

因此，如果只是看方向的本身，很容易眼花撩亂。

方向最重要的意義，以及作用，還是得回頭和立場一起思考。好比在濃霧中的森林，最好還是掏出羅盤來看看。

立場可以提醒我們，在混沌不明的方向上，究竟應該做什麼選擇，把持什麼選擇。

看了羅盤，決定了方向，不保證接下來一切順利。因為這還牽涉到方法，甚至運氣。但我們對自己的檢驗，起碼應該先放在起頭的地方，也就是立場和方向上。看看這兩者是不是清楚，是不是一致。如果清楚，如果一致，那麼即使接下來摔個滿身泥濘，全身創傷，甚至粉身碎骨，還是可以告慰自己。反之，即使後來的結果風光又豐收，在人前免不了說句僥倖，在人後還是得承認失敗。

方法的左右

事情有了方向之後，接著就是處理的方法了。

本來，有了立場和方向之後，方法是自然配合出來的。立場和方向掌握得清楚，方法也就會出現得明白，一氣呵成。但是為了練習，也可以把方法和前面談的立場以及方向分開來思考。

立場是點，必須堅守，因此沒有變化的彈性。

方向是由點而引伸出的線，只要目標明確，可以有些迂迴的調整。

而方法則是由線而延伸出的面，需要面面俱到，也需要八面玲瓏。

由於方法是面，籠罩的範圍最大，需要注意的變數最多，牽涉的隨機反應也最多。也因此，方法很容易喧賓奪主，一不小心就反而成了我們處理事情的主角，原先的立場及方向反而忘在腦後。

因此，談方法，我們第一個要記住的，就是方法不是單獨存在的。方法是由立場和方向而引伸出來的。我們不能為了要面面俱到，或八面玲瓏，反而違背了原來點和線所設定的方向。

方法一定要和立場及方向相呼應，其道理可以醫療為代表。中醫有中醫的立場和方向，西醫有西醫的立場和方向。因此，針對同樣一種病症，中醫有中醫的方法，西醫有西醫的方法。如果我們決定了西醫的立場和方向，卻又去使用中醫的方法，其結果如何，可以想像。

也許，有人會說，方法應該只挑有效的來用。但，什麼才是有效的方法？

每一種方法的使用，都和當事人的立場、方向有關，都和當時的時間、空間，以及對象而有別。萬一只顧得去追尋所謂有效的方法，就算是對另一個人是百試百靈的方法，用到我們自己身上卻可能是百試不靈。

因此，談方法，第二個要記住的，就是方法絕不能硬去移植、模仿。方法必須是自己想出來的，體會出來的，摸索出來的。

但方法也牽涉到動態層面，需要大量的隨機應變。萬一我們的個性天生就不適合隨機應變呢？這個時候又要怎麼體會？怎麼摸索？勤能補拙。隨機應變也是可以事先準備的。如果能事先把準備工作做得越細，事情變化的可能掌握得越多，現場的隨機應變也就會越有根據。

所以，談方法，第三個要記住的，就是多算勝，少算輸。對事情的了解越全面，越深入，方法也就會越多。

然而對事情了解的全面和深入程度，又和歷練，以及見識有關。所以，總難免百密一疏。也因此，立場和方向清楚，並不保證最後會選到一個有效的方法。或者，方法有效，但是使用起來的功力不夠，或是運氣不佳，照樣可能功虧一簣。

但是，如果只是因為歷練、見識和功力不夠，而在方法的掌握上出了漏洞，事後反省起來還可以有個結論，可以期許自己以後碰上類似狀況，有更大的把握。反過來，如果不是依循一條自己清楚的立場和方向而發展出來的方法，反而只是人云亦云地使用一個撿來的方法，那麼，最後不論事情成敗，自己都難以知其所以然，下次碰上仍然難以掌握如何應對。

所以，談方法的第四個重點，就是不要怕歷練不足，而要怕沒有歷練。

慣性的掌控

方法之後，要注意的就是慣性。

慣性，就是指我們碰上某種狀況時，習慣性的思考與應對之道。

某些人長期不得意，處於失敗的逆境，一定有其方法上慣性的原因。

某些人長期無往不利，處於成功的順境，也一定有其方法上慣性的原因。

造成失敗的慣性要打破，否則，永遠不知如何脫離這個反覆的漩渦。打破一個慣性之後，前後思考的困難才可能迎刃而解。

造就成功的慣性也要打破，否則，世事沒有一成不變，總有時候碰上前所未見的問題及狀況。不打破慣性，不是容易為人所趁，就是不免故步自封，難免栽上一個跟頭。何況，就算沒有別人的挑戰，每次利用同樣的方法都能保證同樣的成功，又有什麼得意可言？

事實上，如果我們能夠開始改變慣性，也就是開始改變命運。

命運，因為個性而形成。個性，則因為習慣而形成。所以，改變慣性，就是改變個性的第一步。改變個性，則是改變命運的第一步。

臨事之際，很多人不求思考、觀察、改變自己的慣性與個性，而只求神問鬼，根本就是本末倒置。

我們常說「江山易改，本性難移」。「本性難移」，也可以解釋為「慣性難移」。禪宗大師講破嘴皮的，也不過就是打破慣性。由此可見，這是件多麼艱難而不可能的事。

所以，從某個角度來看，從工作中思考這個問題，倒有些比較容易著力的地方。

在日常生活裡，我們很容易把慣性與個性混為一談，不思改變，也不求改變。在工作中，由於有成敗的焦點與壓力，我們必須把慣性當作一個獨立的課題來思考。

一個工作者，最終挑戰的，就是自己。挑戰自己的最後一關，就是自己的慣性。

挑戰慣性的時候，有高低兩個標準可以衡量。

低標準，就是破除自己身不由己，總是眼睜睜看著問題一再重演的慣性。

高標準，就是維持住自己一貫成功的行事慣性，卻又能每次變化手段與面貌，難以為別人預測。

我很佩服電影導演庫柏力克（Stanley Kubrick）。他真是一個永遠挑戰自己慣性的人。他拍的電影從古代戰爭，到科幻，到十九世紀的故事，到史蒂芬．金（Steven King）的小說，到越戰，從沒有重複過自己成功的方法與模式。庫柏力克一定非常敏銳地觀察自己的慣性，並且隨時打破。

我也很佩服披頭四（Beatles）。他們的音樂總是讓人從第一個音符就聽得出是他們的作品。而每首音樂又有獨特而新奇的生命。慣性的高標準，在披頭四手上表現得淋漓盡致。

犯錯之後

工作的時候，不可避免地會犯錯，出現漏失。

有時候，這些錯誤和漏失出現在立場的把握上，有時候出現在方向的設定上，有時候出現在方法的不足上。

有時候，這些錯誤和漏失會幸運地及時發現，只是讓你回想起來一身冷汗；有時候，出手才知，鑄成大錯。

面對錯誤，最忌的是錯上加錯。千萬不要只為補救而補救。只為補救而補救，會徹底陷入方法的盲點，反而更亂了章法，什麼荒唐的邏輯都可能給自己設定，什麼自欺欺人的藉口都可能給自己安到頭上。

結果，名之曰補救，其實只是給自己造成更大的創傷。

第一個錯誤固然可怕，第二個錯誤才會造成真正的毀滅。不可挽救的錯誤之出現，通常都是因為企圖彌補第一個錯誤而犯下第二個錯誤。

佛家有句話，叫做「修行」。

修正而行，說明我們不可能不犯錯，重點在於懂得修正而行。但，要修正，總要冷靜一下，判斷個所以。

通常，在一些小事上，我們很可以接受這種觀念。但是一旦碰上大事，或是犯了些自認為極其重大的錯誤時，卻可能就像溺水的人一樣，覺得再也沒有獲救的機會，一切原則、是非都丟在腦後，只求自己能有再喘息一口氣的機會，什麼懶驢打滾，甚至厚顏無恥的事情都做得出來。

也許會有人以為這是事關利害，哪顧得到是非。但，分不清是非，一定分不清利害。

因此，一旦發現自己犯了錯，脫了軌，千萬不要因為自己的誤失而沮喪，而亂了手腳，最重要的，是思考如何再回到軌道上。

軌道是什麼？

原有處理這件事情的立場和方向。

如果發現自己對事情的立場和方向掌握有問題呢？

回到事情的基本是非上。

如果發現自己對事情的是非也難以判斷了呢？

回到生命中一些基本的價值。譬如：誠實。誠實地面對自己。

誠實地面對自己之後，就算發現自己沒有運用好方法，沒有把握住立場和方向，甚至沒有看清是非，再也回不去軌道，事情已經無法挽回，還是不要懊惱。自己該負的責任，自己該承擔的後果，挑下來，把整個過程思考清楚，反省明白，以後不再重犯就是。

一般我們想到懺悔，大都想到悔不當初。因此在出了過錯之後，泰半時間用來痛哭流涕，呼天搶地，於是一來根本沒仔細檢討自己的過失，二來也根本沒有避免再犯的能力。事過境遷之後，歷史就一再重演。

佛家對「懺悔」，卻有個動人的解釋：懺，知道自己過失所在；悔，從此不再重犯。如此而已。

儒家所言「不二過」，也正是此意。

4 故事

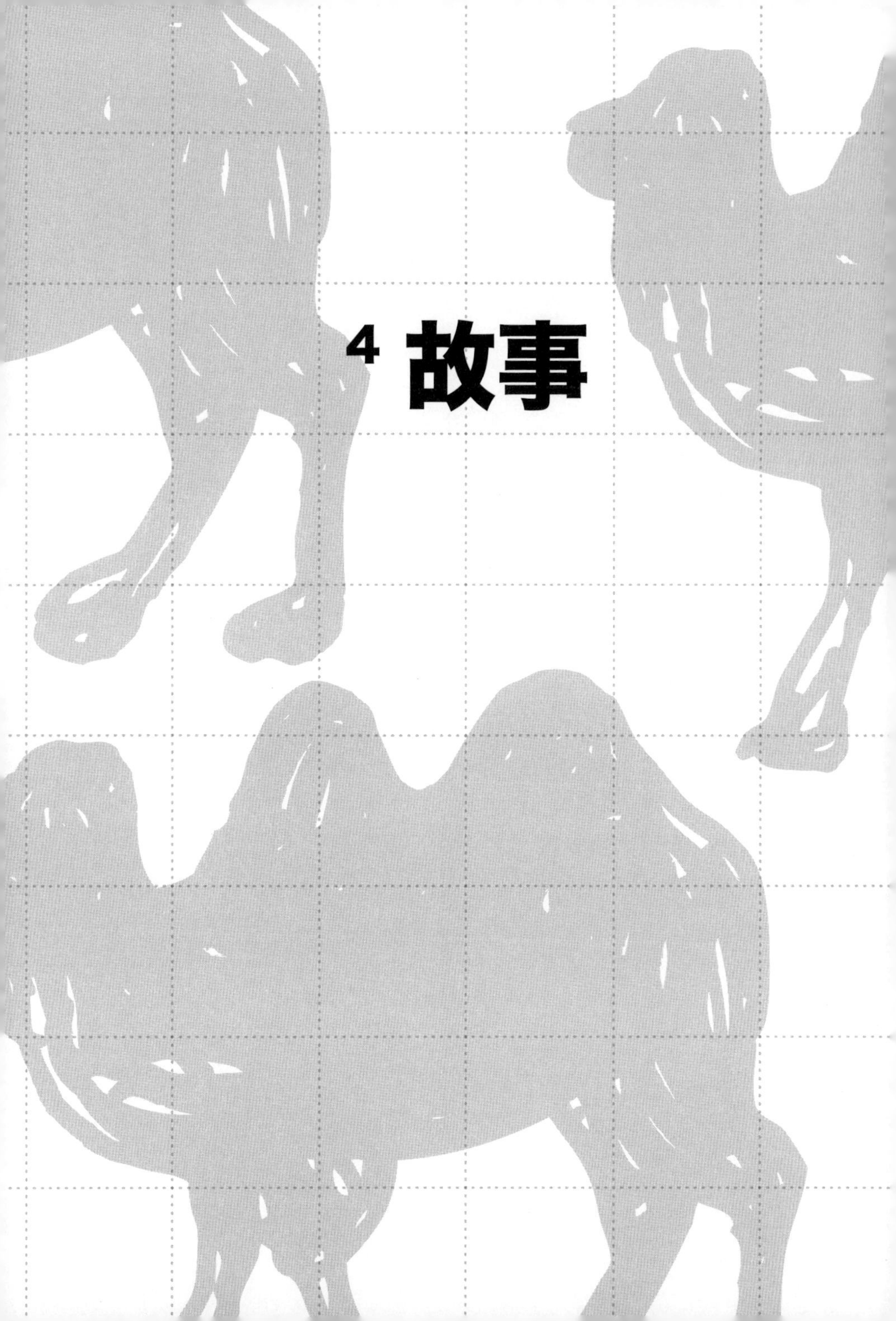

比爾．蓋茲和沈從文

讀教科書的時候，我們知道孫中山先生說過一句話：「不要做大官，要做大事。」一百多年後的今天，在目前的社會和經濟活動環境下，這句話也許可以加上另一個引申：「不要做大事，要做適合自己的事。」

對剛出社會的年輕人來說，很容易從行業上做些大小之分。以前這種大小之分也許在於行業的社會地位，今天則也許在於行業的實際金錢收入。

對已經工作很久的上班族而言，行業的更動，已經沒有那麼輕易，所以就在職位的高低上做些大小之分。

不要做大事，要做適合自己的事。也就是不要只注意熱門的行業，不要只注意高的職位，而要做自己性向和能力適合做的工作。

只有在這時候，我們工作的力量才會發揮到最大。

但這很不容易。因為，這牽扯到對自己以及對這工作的清楚認識。有人在這種認識的過程裡，很幸運，很快就掌握到了；有人則不然。

比爾．蓋茲（Bill Gates），是個幸運中的幸運代表。讀著哈佛大學的法律系，他認識到最適合自己投入的行業是電腦，就輟學改行去創立了微軟。最後，他不只做了件適合的事，也做了件大事。

然而絕大部分的人都沒有他這麼幸運。大部分人不但很難認清與找到適合自己的工作，更經常被不適合自己的工作所折磨。

這又要怎麼面對？

可以看看沈從文的例子。

沈從文在文革的時候，下放勞改。他的工作中，有一件是打掃廁所。對文學大家如他的人來說，這是一件多麼不適合又折磨的工作，然而，他每天在清洗廁所的過程裡，最大的樂趣卻來自於他把便器都擦拭得光可鑑人。多年後他回憶這段日子時，都為自己把廁所清理得那麼好而很得意。

文革之後，沈從文沒寫小說，反而完成了《中華古代服飾圖錄》。就外人來看，大家會驚嘆於這個考據工作的巍然。但事實上，他主要是因為環境雖然不像洗廁所時那麼糟糕，在小說創作上卻仍然見忌於郭沫若，因此不得不改做考據。

我們大部分人應該都沒有沈從文那麼出眾的才華，但也沒有遭受到他那麼大的折磨，必須清洗廁所，或見忌於諸如郭沫若在當時大陸的紅人。

所以，即使我們還沒認清與找到適合自己的工作，起碼，我們可以比較愉快地接受自己目前的工作，把這個工作先做得「光可鑑人」。

等待，加時間，也許某一天，一個答案就跳了出來。

我的同學和普拉提尼

即使在一個行業裡經過多年的歷練，前後沉澱過各種考慮與評估，要回答自己的工作或行業到底適不適合自己，還是一件很不容易的事。

一九九八年初，我去韓國。上了飛機不久，一位先生過來我旁邊的位子坐下。

我們不約而同地叫了起來。

他是我在韓國時候的高中同學，曾經有一陣子來臺定居，後來又回韓國發展，有四五年沒見了。

我知道他一直在開館子，問他如何。

他說不做餐廳生意了。一年前開始改行，現在做成衣的批發，也幫台灣一些成衣掮客做些代理。

看他紅光滿面，當真是春風得意。

「你知道，我從高中開始就認為自己是個做餐廳的料。一直做一直做，各式各樣的餐廳，做到四十多歲才發現自己根本不是幹這一行的。」他說：「好啦，現在總算找到適合我的這一行啦。」

他說的沒誇張。韓國、日本、台灣各地他都做過，飯館、餃子店、小吃攤，以及附帶卡拉OK的餐廳全都開過。

「我太想賺一筆猛錢，又愛玩，手藝再好也不適合開餐廳。現在這個工作剛好，又有錢賺，又不必每天受罪受得要死。有吃有喝，又可以在吃喝之間賺錢。這才是適合我的行業啊。你知道，我現在才發現我是炒匯的高手啊。」

他對自己分析得倒十分清楚。

在一個行業裡浮沉了二十多年，始終欠缺臨門一腳，最後卻終於發現自己另有最愛，我這個同學真是個幸福的人。

已經退休的法國足球明星普拉提尼，是另一個例子。

普拉提尼率領法國隊百戰沙場，歷經各種榮耀，自己也得到足球天王的稱號，但始終沒能摘取世界盃的冠軍，成為他最大的遺憾。

在他幾近退休時，法國隊再一次在世界盃遭到淘汰。普拉提尼也沒有再上場的機會，成為觀眾的一員，在場邊為其他球隊觀戰。

在這麼大的挫折情緒中，普拉提尼回憶他夾坐在數萬名熱情吶喊的觀眾中，卻再度深刻地體會到足球的魅力，為自己獻身的足球而覺得不虛此生。

在一個行業裡浮沉了二十多年，始終沒能登上最後的巔峰，最後卻終於發現自己別無他愛，普拉提尼真是個幸福的人。

我的同學和普拉提尼，都是幸福的人，卻是兩種截然不同的例子。

他們的幸福，我不認為有高下之分。

名劍，破劍，能殺敵的就是好劍。

工作也是如此。不分貴賤，不分左右，只要能適合自己，讓自己樂在其中的，就是好工作。

如果我們真正能體會到自己工作的樂趣，那麼也就該了解到：我們應該尊重所有工作者的樂趣，不要做些傷害別人的工作，也不要剝奪別人工作的樂趣。

所謂「業餘」

有一部電影叫《高球大滿貫》（*Bobby Jones: Stroke of Genius*），講一九二〇年代美國一位高爾夫球手，鮑比．瓊斯的故事。

鮑比．瓊斯的傳奇，在於當年他是以業餘的身分與職業高爾夫球手競賽，但是卻橫掃他們，尤其在一九三〇年連續拿下英國公開賽、英國業餘錦標賽、美國業餘錦標賽以及美國公開賽冠軍，締造當時史無前例的年度大滿貫紀錄。

隨著他打下一座座獎盃，成績越來越令人瘋狂，影片中的記者一直追問他一個問題：「你何時要轉為職業選手？」因為一轉入職業，他的收入將是不成比例的暴增。

然而，鮑比．瓊斯一生都沒有成為職業高爾夫選手。他拿下一九三〇年的美國公開賽冠軍後，二十八歲的年紀就宣布退休了。電影結束的時候，有人問他，為什麼不要成為職業選手（professional），而一直堅持自己業餘（amateur）的身分。

鮑比．瓊斯是這麼回答的：amateur的字源，來自於拉丁文的Amor（愛）。他是因為喜愛高爾夫而打球的，如果成為職業選手，就是為了錢，而不是為了愛了。鮑比．瓊斯的回答，解釋了為什麼一個amateur的選手，仍然可以擊敗professional的選手。

中文，經常把amateur譯為「業餘」，把professional 譯為「專業」。這顯然容易曲解或漏解許多意思。

中堅幹部，應該看看這一部電影。因為所有的中堅幹部，都是professional與amateur的混合體。

就他的工作資歷、經驗與細緻程度，他都是professional，職業高手級了。但是在茫茫的黃沙中想要心平氣和地持續下去，他必須要是這個行業或是這個工作的amateur。

找不出或是恢復不了對這個工作本質性的喜愛，駱駝就太折磨自己了。

黑澤明的條件

黑澤明當然也是個高手。

他去世那天，我正好在東京，讀到一段如此對他的論定：「在他之前，西方世界想到日本的時候，是富士山、藝伎和櫻花。從他開始，西方世界想到日本的時候，是黑澤明、新力和本田。」

這段話說得真切，毫無溢美。

以一人之力，可以抽刀斷水，把一個國家的文化、經濟發展階段予以區隔，這種身手，非同凡響。

這一點令人感觸良多。

今天的台灣，仍然是一個以產業與經濟發展掛帥的社會。這樣的社會裡，科技與管理，理所當然被視為最主要的課題；文化與藝術工作，上焉者被視為餘事，下焉者被視為小事。然而，是否必然就當如此？我們可以拿日本和黑澤明的例子來比對一下。日本的產業與經濟之強勢，起碼不會輸過我們吧。強若日本，黑澤明的地位可以如此論定，文化、藝術之發展可以被視為要事、大事，我們的認知有多少問題，也就不言而喻了。

二十一世紀雖然到來，但二十一世紀究竟應該是何種面貌，仍然是大家的話題。新的世紀，會有許多面貌，其中最有代表性的，一定是網路的發展。網路，是很科技的東西。所以，相對於科技的網路，二十一世紀也必定需要同等重要的人文內容。

將近六十年前，黑澤明有個故事可以印證這一點。

當年，黑澤明去電影劇組應徵工作。這個時候，他沒有任何和電影相關的工作經驗。在電影還是一個相當新興而且重要媒體的年代，他這點十分吃虧。

然而，當時的導演還是錄取了他。原因是：「他雖然沒接觸過電影，但是他接觸過很多文學、藝術和音樂。」

幸好有這位導演沒有囿於一些技術層面的門檻，讓我們目睹了一代電影大師的出現（後知後覺的人，當然還可以發現黑澤明少年時代受過的劍道訓練，在他日後電影中的作用）。

六十年前，這位導演就電影時代而對人才所下的判斷依據，和六十年後我們進入網路時代對人才的判斷依據，沒有什麼差別。

如同電影，網路也只是一種載具。沒有內容，載具是空洞的。沒有人文，科技的發展是單調而無意義的。

文化工作者自勉。

謝大夫的順序

幾年前，我家人生了一場重病，幾度生死關頭徘徊。我因而知道了一種名之為「自體免疫」的疾病。

顧名思義，「自體免疫」是一種和免疫系統相關的病。通常，我們提到免疫系統出問題的時候，大都和免疫力低下有關。但「自體免疫」卻不同。和免疫力低下無關，而是免疫力錯亂的問題。

如果說免疫系統像是捍衛我們身體不受外來病菌、病毒的軍隊，那麼「免疫力低下」是說這支軍隊的武力配備不足，作戰能力不強；而「自體免疫」卻是這支軍隊經常殺紅眼，不分敵我，錯殺人民，並且擁兵自重，形同軍閥般興風作浪。

因此，要對治「免疫力低下」，我們要針對凶悍的外敵，先補充免疫系統的軍火；要對治「自體免疫」，我們卻要善加安撫軍閥，讓他們把亂開亂打的武器熄火，平靜下來。

所以在治療「自體免疫」疾病的過程裡，最大的挑戰就是要搞清楚：病人的狀況，到底是外來病菌或病毒造成的，還是自體免疫作亂所引發的？又由於自體免疫的作亂經常是受外來病菌或病毒所激起的，所以「攘外」和「安內」的順序，如何拿捏，如何兼顧？

我們很幸運，遇上了一位治療「自體免疫」的真正高手謝大夫。所以見識到他怎麼抽絲剝繭，一步步釐清戰爭的起因，有時先是全力消滅外敵，有時又是內外並治，逐步清理戰場，終於撥雲見日。

我寫過一本《那一百零八天》的書，專門談這個過程。

出書之後，有一天我和謝大夫醫院的一位高階主管見面。他跟我說，他也耳聞謝大夫在治療「自體免疫」的口碑，所以很好奇謝大夫是怎麼做到的，就去看了一下他開的藥方。

「他用的藥也都是大家知道的，沒什麼特別神奇的啊。」聊天中，他說了一句。

當時不知怎麼，我有一句話到了嘴邊卻就是沒說出來。

「雖然大家用的藥都一樣，可是用的順序不同，效果就完全不同啊。」如果由我回答，我想說這麼一句。

是真的。

到底怎麼判斷現在正慘烈的砲火是外敵先挑釁的，還是自己軍閥先作怪的，這需要一系列測試，小心掌握順序的測試。

外敵還沒消滅，卻先讓自己所有軍隊全部熄火，會是災難。只顧追殺外敵，同時卻任憑軍閥攻城略地，也是災難。到底怎麼既供應武器來消滅外敵，又要設法讓軍閥的砲火逐漸平息下來，需要小心掌握進行的順序。如履薄冰的小心。

我很近距離地看過謝大夫怎麼處理這些順序。

也從那件事情上，我體會到所有工作的重點，都在順序。

一二三的步驟，你做成一三二是一種結果，做成三二一又是另一種結果。雖然同樣的都做了這三個動作，但是結果和效果卻是截然不同。

電影裡，拆除炸彈的專家，受到考驗的不都是先剪藍線還是先剪紅線的順序？

在一個行業裡工作久了，每個人都不可能有什麼獨門的絕招。然而，招數儘管相同，順序組合一不同，神奇的變化就出現了。

順序決定一切。

塞吉歐·里昂尼的節奏

塞吉歐·里昂尼（Sergio Leone）是我很喜歡的導演。倒不是因為他把克林·伊斯威特捧紅的《荒野大鏢客》三部曲，而是他那兩部《狂沙十萬里》（*Once Upon a Time in the West*）和《四海兄弟》（*Once Upon a Time in America*）。前者一九六八年拍的，後者一九八四年。兩者都令人迴腸盪氣，但是之前，我更比較喜歡前者。所以下載一個版本在平板電腦裡，不時打開來看一看。即使是片段片段地欣賞，每次也都要在心底按一個讚！

二〇一二年底的一天，在紐約打開報紙，看到《四海兄弟》要公演一個美國從來沒上過的完整版。當天就買了票報到。

塞吉歐·里昂尼原來拍這部電影的版本是二百六十九分鐘，一九八四年在坎城首映時，他自己剪成二百二十九分，成了後來的歐洲版。可是到美國放映時，卻被片商一口氣剪成一百三十九分鐘。據說他因此傷透了心，到一九八九年過世再沒拍任何其他電影。

二〇一二年，一度傳說二百六十九分的終極導演版終於可以面世，所以原以為這就是了。但是那天晚上看了之後才發現，這還是那個二百二十九分的歐洲版。但儘管如此，還是很滿足。很可能過去看的是美國版，少了太多東西，所以比較沒那麼喜歡《四海兄弟》。而這個歐洲版使我對這部巨作的感受完全改觀，從此可以和《狂沙十萬里》並驅。

我對這兩部電影如此著迷的原因，是節奏。一面看著，一面不免問自己一句：他怎麼可能把節奏處理得這麼好？

任何工作要做得出色，一個是順序要把握得好，另一個關鍵就是節奏。是順序加節奏的變化，使得才區區七個音符，可以變化萬端地組合出各種音樂。如果說順序可以決定一個工作的成敗，那麼節奏就決定了這個工作的優劣與層次。當快則快，當慢則慢，或者當濃反淡，當淡反濃，種種不同快慢交錯的節奏，使得一件同樣的工作可以變化出各種面貌。

如果說今天許多工作的新人和高手之間的差異，不過是百分之五，那這百分之五裡一定有很大的程度是取決於節奏。節奏形成音樂，也形成一切的工作。所以，通常說起怎麼追求節奏的層次，很容易用「快慢有致」這種詞彙來總結。

可是看塞吉歐·里昂尼的電影，我自己覺得最精彩也最感動的，是他的節奏超出了「快慢有致」。他讓我體會到什麼樣的節奏叫「做足」。不是說哪些地方快得好，也不是哪些地方慢得好，就是整體做足的節奏。做足的節奏不會讓你覺得慢，而會讓你覺得很飽滿。也是因為這種飽滿的節奏，讓你在黑暗中盯著銀幕三個半小時而不覺時間之過去。

那天晚上看完電影出來都十一點多了，在黑夜中冬風冷冽的紐約街頭，回味著這部講這個城市的電影，一方面別有感觸，另一方面又因為那飽滿的節奏而有一種溫暖的感覺。

5 回憶

石博士和我的玻璃屋

一九八七年，我剛結束上一個工作，處於待業狀態。有天接到黃明堅的電話，說石滋宜博士主持的中國生產力中心，想要《生產力》雜誌改版，因此介紹我去一談。

我去見了石博士，和他的左右手萬以寧。那時生產力中心還在敦化北路的台塑大樓裡。他們爽快地給了我三個月的試編時間，撥了一個靠窗，又三面都有玻璃窗的小房間。我要自己找人馬，算是一個臨時編組。

我那是第一次見石博士，對生產力中心也完全不了解。知道的是：那三個月時間是個測驗，而這個地方大可一試身手。

後來我用兩個月時間編出了《生產力》雜誌的改版號，也因而發展出接下來和石博士一起工作了兩年的機會。

那時候的台北，尤其去生產力中心上班要經過的松山機場那一帶，我有些很深刻的記憶。

那是解嚴，以及股市即將首度突破一千點的年代，整個社會的能量都在釋放，充滿著一種變動、騷動的氣息。譬如，有個冬日的早上，我在民權東路口等紅燈的時候，就突然覺得臉上的皮膚可以清楚地感受到空氣中有一種震動。

還有一次，我曾經搭上一輛計程車，司機有一種你不必開口就知道你目的地的本領。後來我還特別為了這件事情寫了篇文章（請見鳥之卷〈創意的解析〉）。

生產力中心本身也是在一個變動的階段。

石博士執行了自動化服務團的任務之後，正在以生產力中心為新的基礎，對外開展為台灣企業服務的新局，對內則在大力改革、擴展。《生產力》雜誌的改版，是他諸多布局中的一環。

我剛開始試編的時候，在一個獨立而又三面玻璃可以望出去的辦公室裡，看著外面的人忙進忙出，保持著觀察的距離，但也置身其中。

而石博士是那諸多變動與改革的中心。不論是在台塑大樓，還是後來搬到松山機場外貿二館之後的大辦公區的時候，他走路的步伐永遠是快的，說話的聲音也是快的、高的，笑的聲音是大的。

事實上，雖然我在生產力中心工作了將近兩年，有很多和石博士一起工作的機會，但是我對石博士最深刻的三個印象，幾乎都是在最初的三個月裡定下來的。因為那些印象太鮮明，也始終一貫。

第一個印象，是他的衣著。

石博士的身材高大，本來就是個衣架子。而他在穿著上，又有自己的講究，所以就穿出一種品味來了。企管顧問與工程師，都穿西裝，但都不免拘謹、制式，甚至連顏色都難免單一。而石博士西裝、領帶的組合，卻總會給人一種恰到好處的鮮豔與明亮的感覺。他對胸巾的選擇與使用，也是在台灣比較少見的。

第二個印象，是他的書。

石博士的辦公室裡，主要是書。書架上、辦公桌上、沙發旁的矮几上，到處都是書。英文的、日文的；管理的、非管理的。林林總總。在還沒有網路購書的年代，他的辦公室裡，就總是裝滿了和美、日最新同步的資訊和知識。而每次進他辦公室討論什麼事情，他都總會拿起好幾本最近他出國剛買回來的新書，熱情洋溢地談他的讀後心得。

而石博士還不只是買書、看書而已。他會做筆記，會做投影片，在動員月會上和大家分享。更重要的是，他會立刻拿來用在自己內部的管理上，並推廣給對外部服務的企業。他是一個追求知識的人。

第三個印象，是他的急切，主要是談起台灣的急切。

石博士留學、工作都在外國，決定應李國鼎、趙耀東諸位先生之邀，放棄家庭生活與原有的工作而回到台灣，本就是使命感。這種使命感雖然推動他完成了許多艱巨的任務，但是他一腳跨在台灣現實面的種種不足與限制中，一腳又跨在尖端資訊極目於世界最新的發展中，這兩極的拉扯，就使他談起手邊在推動的事情，談起他要打交道的一些人，談起台灣未來的發展，就不免急切。急切中，讓你充分體會到他的熱情與激動。

我離開生產力中心之後，一直和石博士保持聯絡。也就在這每隔一陣子的再次見面時刻，我也總會拿石博士最早給我的那幾個印象對照一下。他真的是始終沒變，一貫如此。

每個工作都有其獨特的作用和意義。生產力中心那兩年，對我是一個承先啟後的關鍵。

一個麻雀雖小，五臟俱全的利潤中心。綜合演練了所有我之前在工作上所學到的事情，逐漸培養起未來要和我長期併肩作戰的合作班底，也讓我得以有了去嘗試下一個更大挑戰的基礎和信心。

熬夜的回憶

上班族總免不了加班。

加班，有時候會很晚，甚至，有時候會通宵達旦。然後，有那麼一些時刻的記憶，就會永遠鏤刻在心頭。

我的這些記憶，大都在三十歲剛過不久那幾年。

先是在生產力中心工作，開始負責《生產力》雜誌重新定位的時候。

我記得在八德路十樓的家裡，書桌的對面窗外，有一片沒有被高樓擋住的天空。每次在熬夜趕寫什麼的時候，那片玻璃窗外的天空，就是你少數的同伴。

午夜之前，窗外的天空雖然是黑的，但總還有些樓下巷弄傳來的聲響，沒有那麼靜。午夜之後，整個窗外才算真正一片黑暗。你抬起頭的時候，看不到窗外什麼。會看到的是書桌那盞孤燈，還有你自己的倒影。於是，你會覺得，那是夜裡的天空在向你探望。是藉著黑夜，你看到了窗外的天空在怎麼和你對望。

牆上的時鐘，當然是另一個同伴。一個小時六十分鐘。但在夜裡，每個小時卻有自己不同的步伐。

三點以前，一個小時一個小時是悠悠的。三點之後，一個小時一個小時就突然加快了腳步。

有時候，你會開始有點著急怎麼大半夜了，工作還沒有預期的進展；有時候，你會把一路很流暢的進展，再順勢更加快一把。

然後，你就突然發現，窗外的夜色淡了。再一陣子，天色更亮了，玻璃窗上的倒影也逐漸隱去。

我的記憶裡，這時候你整夜工作的結果如何，就很關鍵了。如果你能終於趕在大家又一天工作開始之前，搶在一個夜裡完成了自己設定的任務，那是種很美好的經驗。看著窗外在藍灰之間變化的天色，你會感到有那麼百分之十的倦意襲來，但又同時有百分之九十的能量被重新補充過的感覺。

如果不是自己一個人，而是和整個部門一起在為最後的發稿加班的話，那種感覺更清楚。最後的一張稿子發出去，離開工作的地方要回家的時候，你會看到那淡藍的天空甚至是在對你微笑的。於是，你會喊一聲：「來吧！我還可以再來一個晚上！」

離開生產力中心之後，我去了中國時報的集團，負責一本《時報新聞周刊》。周刊，每星期都要發一次稿。熬夜的次數更頻繁，熬夜的內容也更多樣了。不只是在辦公室裡加班，還有加班後的活動。會去華西街的夜市吃小攤，有時候還要去唱唱卡拉OK。

這樣也會熬到天亮。我的工作和生活方式都大有不同，只有魚肚白的天色是相同的，只有我看著天色逐漸亮起來的心情是相同的。

最近的十幾年，我已經很少熬夜。養成固定的作息之後，過去入睡的時刻是現在起床的時刻。所以無論如何，生理反應的本身，就讓我無法撐到午夜之後。甚至，我最享受的星期五晚上，可以不顧時間限制地隨心閱讀的時間，仍然沒法讓我熬夜到天亮。所以，我還是經常看到黎明，但都是起床之後，工作一段時間，然後看著窗外的天空和遠山在曙色中逐漸清楚起來。

經歷相同，但感受卻不同。

熬夜，看著天色由無而有，像是逐漸甦醒過來，一種仰望的視角。

晨起，看著夜色由濃而淡，像是清醒地旁觀，一種平行的視角。

不時，我還是想有一次熬夜的經驗，卻總力不從心。

直到二〇一一年，我重新有了機會。

那天在北京，為第二天早上臨時安排的一個會議做準備，我突然發現不但過了十二點這個關卡，還一路推進到深夜，再天亮。開完會後，到下午三點，仍然有那種「來吧！我還可以再來一個晚上！」的心情。

我知道：醫囑和保健之道的書上都寫著「十點到十一點是最佳睡眠時間」。

但那天我還是很開心。開心自己的身體機器還可以有緊急衝刺一下的餘地。

更開心的是，又看到了那個通宵達旦才出現的魚肚白天色。
就好像又看到了年輕的自己。

九十：一隻忘不了的駱駝

在我對「工作DNA」的比喻裡，把中階主管比喻為駱駝。就像駱駝本身忍辱負重的承載極大，中階主管的範圍也極大。

一個掛名部門副理頭銜的人是他，一個掛名全公司副總經理，甚或總經理頭銜的人，也是他——只要他上頭還另有要聽指揮的更高一級的主管。

我自己當過駱駝，我也有一隻忘不了的駱駝。

我一直叫曹永錫是「九十」。

我到時報出版公司去就任總經理的時候，第一次聽到他這個外號。那時候時報出版的業務部主管是吳文欽，曹永錫是副手。曹永錫和吳文欽是長期搭檔，兩個人一高一矮，站在一起對比很強。所以我不但一下子就記住了他的外號「九十」，甚至很長一段時間，有種錯以為「九十」是來自他身高一百九十公分的印象。

後來九十糾正我，說他沒九十公分那麼高。是他的體重有九十公斤。可我想吳文欽的體重肯定不只這些，怎麼單單拿他的九十公斤來當回事。但不記得是否問過九十，或者，問過他怎麼回答了。

一九八〇年代末，沒有網路書店，連鎖書店也只有金石堂一家。發行業務很重要的一塊是，和各地區中盤的來往。那個時候，「走透透」這句話還沒有流行。但是要把發行做好，事實上必須全省走透透。吳文欽和曹永錫都是從七〇年代就開始做發行，全省人脈廣，做生意的本錢就比較足。

我為了瞭解業務情況，經常和他們一起去全省各地，認識了很多朋友，留下了很多記憶。又因為吳文欽的酒量好，在那個經常需要在酒桌上定發貨量的年代，南南北北很多記憶都和酒有關。一回是酒酣耳熱之際頭一次吃檳榔，偏偏吃到一顆「倒吊仔」，全身發燒加上冷汗淋漓，心臟跳得真要炸開。另有一回是去嘉義官老闆那裡喝到半夜，搭台中小謝的車上了高速公路，我迷迷糊糊坐在前座上打盹，偶然側頭一看小謝，他竟然根本就是閉著眼睛在飆車。當然，還有不能不提的是，我們每年年底會辦一次「酒王杯」，把全省各地的英雄好漢找來，大家大划一次酒拳，比出一個酒中拳王。

九十在這些記憶中，通常不是主角，但都有他特別的一個位置。

光看九十的體積，就知道他也很能喝，但他不像吳文欽那麼喜歡主動出擊，主要都在扮演後衛角色。不論酒桌上，還是出外碰上什麼狀況，他總會適時地出來當清道夫，善後清場。

九十做業務也和吳文欽有很大的不同。文欽的人際關係、經驗、談判能力是一流的。九十則從很早就開始擅長於分析市場的趨勢變化，各種通路的消長比較。你交一個任務給他，他會用略向右邊傾斜，但是十分工整的字體，把發行計劃裡裡外外各個面向都要考慮到的因素做出分析，各種數字估算好之後，才回報給你。

九十說話也很有特色。不疾不徐，並且經常拿同業使用過的「戰術」來說明自己的行動方案。「我們先要用的『打法』是……」，「我們再要用的『打法』是……」，他會這麼告訴你。

一九九三、九四那兩年，我要大力發展漫畫出版及通路。除了加大漫畫出版量，使用兩個地區總經銷之外，零售通路成立了「酷迷客」連鎖店，並再加一個保險，轉投資成立了「通達」發行公司。

打從想成立一家漫畫發行公司開始，我就想到九十。九十當時已經和吳文欽出去另外闖蕩了一陣子。九十有綜觀全局的能力，卻長期擔任副手的角色，我早覺得他應該有自己的一片天。因此，想到成立漫畫發行公司，總經理的第一人選就是九十。

我去找九十談的時候，他先是不願意。他說從沒單獨挑起這麼大的重任，承擔不起。我遊說他一陣，告訴他這家公司全部都是發行漫畫及周邊產品，可以有自己的獨立空間，也期待他可以有更自主的「打法」。

終於，九十同意出馬了。

九十同意就任總經理之後，有一天他興高采烈地跟我說，這家公司名字應該叫「通達」。有四通八達的意思之外，他還比了一個手勢，「擲骰子的時候，不都是喊『通達啦』嗎？」

「通達」這樣出發了，只是最後的名字改為「發達」。「發達也很好！」他說。

我雖然把漫畫出版的布局定好，出發之後卻摔了一跤。

先是兩個地區總經銷相繼爆發經營問題，大量退書。再來是「酷迷客」連鎖店經營也出問題倒閉。這些問題加起來，開啟我被檢討的序幕。檢討應該，可沒想到的是，各方意外的伏擊與砲火也隨之全面展開，交織成一片火網。

那種經驗是很有意思的。

我當時已經進入職場十六年。不幸的是，之前從沒經歷過人事鬥爭這種事情，所以一開始在猛烈的硝煙中有點睜不開眼來。幸運的是，這一仗就把我所有缺的課都補齊了。在那個過程裡，我記得最有意思的事情就是，慢慢搞清楚到底砲火來自哪些埋伏的角落，以及為什麼，然後再設法還擊。

我把戰場逐一清查之後，有一天約九十出來喝咖啡。

我把我所知道的情況都講了一遍之後，說：「九十，我只問你一句：這裡面有沒有你的一份？」

九十的表情我到現在都還記得。他回答：「沒有。」然後又加了一句，「可是我也幫不了你。郝先生。」最後一句他的眼睛裡泛起了淚光。

「那就好。」我跟他說，我不需要他幫忙，知道他不在那一夥就好。分手的時候，我告訴他我是勢必要離開這家公司了，為了對他好，以後也不會再和他聯絡了。

「你善自為之，自己多小心了。」

大塊成立之後，我有長達七年的時間都沒有再和九十見面，也沒有任何聯絡，包括通電話。

但是透過我們共同的朋友，我陸續聽說發達在九十主持下一路的發展。九十不但讓發達跨出了台北，也到了中部，甚至還買下了高雄的一家公司，打出了一個遍及全省的發行版圖。想起當初那個再三不肯出來獨當一面的大漢，不禁莞爾。

直到二〇〇三年，我聽到了不妙的情況。九十的擴展，不但遭到了障礙，更在購併的過程中出現了一些麻煩。他想要解決麻煩，卻火上加油，鬧得不可開交。

我主動約他見了一面，問他到底發生了什麼事。聽了他的說明之後，我說他是對發達的投入和感情太深，忘了自己只是個專業經理人而不是投資者，所以要注意行為分際的拿捏，謹慎收場。

他說自己要離開這家一手創建的公司，不捨得，可是認了。只是，他很憂慮，又很憤憤不平地說，「但他們怎麼能抹黑我，叫我背一個黑鍋，還要控告我呢？」

我跟他說，鬥臭一個人和鬥垮一個人必定是同步而來的。這是自古皆然的道理，沒什麼好不平的。他只能步步為營。人家既然要給他安一個罪名，打官司控告他，他就只能奉陪，好好透過法律來證明自己的清白。

「不要想那麼多了。九十，等你了了這件事情之後再來找我。世界很大，我們可以一起做別的事。」我跟他說。

二〇〇四年底，九十來找我，說他的事都解決了，官司也兩審都打贏，沒事了。我要他到大塊來上班，然後很快就派他去大陸了。

當時的想法有兩個：一是我在大陸的合作出版社，要用新的形式推出一個出版計劃，需要有一個像九十這麼經驗豐富的人來督陣。另一個，是我希望他踏上一個新的土地，一個大的市場版圖，來規劃他新的開始，把剛過去的不愉快趕快忘在腦後，不要放在心上。

九十在北京前後工作了一年多，還是決定回台北，也離開大塊了。說出來的理由，有他在大陸磨合不順，難以有所發揮的問題，又有始終牽掛家裡，思鄉情濃的問題。另外，我也感到他有什麼東西悶在那裡，只是沒說出來。

九十回台灣，離開大塊之後，我知道他和太太秀芬一起開了家書店。那陣子，我正為自己家人生病的事情忙碌著。

等我比較可以透過氣的時候，二〇〇七年春，卻聽說九十發現患了淋巴癌，第四期的，已經治療了一陣子。

不知怎麼，一聽到這個消息，我第一個反應就是：「這小子！」會有這個反應，是我忽然聯想到他悶在那裡的東西是什麼，直覺到他是怎麼患上了癌症這個病的。

我去九十的書店看他。原來高壯的大個子，在藥物的治療下，瘦了一大圈，輕飄飄的。

在咖啡廳坐下之後，我問他：「九十，你知不知道你是怎麼得這個病的？」

他點點頭，說知道。

在他生病之後，除了接受西醫的治療之外，他也接受一種另類療法。療法中，有一段是類似團體心理治療。也就是一群癌症患者圍成一個圈圈，一個個輪流述說自己的病情及問題。九十說，之前他從沒有在公眾前自我表白的經驗。那次輪到他的時候，他完全沒想到自己會真正把這些年隱藏在內心的委屈與痛苦那麼徹底地宣泄出來，痛哭流涕了一場。他把這些都講出來之後，十分輕鬆，「等第二天早上起來，我大吃一驚，問自己：有嗎？我真的有生病嗎？已經完全沒有生病的感覺了。」九十說。

他說的，正是我想到的原因。

人生難免挫折。重要的是如何處理發生的挫折。回想我自己遭到的那場挫折，雖然也有懊惱，但是我只讓那種感覺停留了兩個星期，就拋在腦後大步前行。而越是前行，越是體會到先前那些砲火原來都是慶祝你踏上新旅程的歡送煙火。所謂打擊，原來都是加持。

因此越往前走，越要回頭感謝他們。我很幸運，一路上有這些體會也有這些發展。

但是另外有些人不見得如此幸運。譬如九十。他無中生有，創立一家公司，開展出一番局面，投入太深。離開自己手創的公司固然難過，被人家扣上帽子更覺窩囊。打贏官司，也不足以讓他塊壘盡消。越是不和過去的情緒告別，讓它們徘徊在心頭，就越難開朗。而越不開朗，就越容易回頭和過去糾纏。這種情緒上的糾結及鬱悶，正是癌病的最好溫床。

在聽說九十患了癌症的第一剎那，我就突然聯想到，原來他一直都沒有擺脫通達那個事件的心理陰影，而一定是那個心理糾結影響了他的健康。九十的自白，證實了我的想法。

當天比較好的消息是，九十說自己的情況不但有改善，並且很積極地在為那位另類治療的先生當義工，為他的書的出版出謀劃策，還準備建立一個有關健康醫療書籍的銷售團隊。

那天我們彼此鼓勵打氣。

我要好好照顧自己家人的健康，也提醒他既然知道了病灶，就保持開朗的心情，好好接受治療。等他的銷售團隊建好了之後，再好好合作。

再來又過了一段時間，有天聽說九十的情況又不好，住進榮總了。

我去看他。

在一個黃昏，一處露天陽台上，看到了九十。

我問他怎麼又嚴重起來。他說，因為接受那另類治療的感覺很好，所以就聽從那位先生的建議，中途停止接受化療的療程。停止化療半年多之後，情況就嚴重起來。他給我看左邊胳臂上一個大包，是淋巴癌移轉的結果。

我真想大聲罵他胡來。好不容易忍住。

癌症這種病，採西醫的化學療法，不分好壞細胞，兩敗俱傷地轟炸之後，再設法重建好細胞，是一種路。不要化療，好壞細胞都保留，設法由好細胞自行解決壞細胞，這種另類療法是另一條路。兩條路選哪一條，是個人的抉擇。但是最忌一條路走了一半之後，改走另一條路。尤其是已經採用了化療之後，又逕行停止治療。我想大罵他怎麼如此兒戲。

九十一路說的話，倒轉移了我的心思。

他感謝發行界那麼多朋友來看他，給他鼓勵、打氣。然後，他說想找人去把當年整他、抹黑他的那個人請來，當面說，他已經原諒他了。

在黃昏的斜陽中，他眼睛看著遠方，說得很慢，很誠懇。

我難以再責怪他什麼，只能安慰他，說等他身體好些再說。

之後，我去找他見了幾次面。不論是通路上的問題，還是一些新的計劃，都去找他，在他家附近喝個咖啡，聽聽他意見。

他的頭腦還是很清楚。偶爾還是會用稍微往右傾斜，但是十分工整的字，給我寫一些他認為的重點。

二〇〇九年年初，我寫的《一隻牡羊的金剛經筆記》出版後，送了他一本。九十讀完後給了一封很長的簡訊，說他讀得不亦樂乎，以及：「念起即覺，覺已不隨，受教──《金剛經》說──云何應住，云何降伏其心，感想為『廣結善緣，普渡眾生，應無所住，行於布施』。淺見至此，祝身體健康──九十」。

台北書展忙完後，我回北京，再忙著去紐約，有快兩個月沒回台北。三月底，他又來了一封簡訊：「當我知道化療已經用到無藥可打，埋在心中最美妙的種子將開花，郝先生我們不是還有一席話，一首歌，一杯酒，我等您！（如果你有空）哈！對酒當歌——九十」。

看到「化療無藥可打，埋在心中最美妙的種子將開花」的字，我心底甚為震動。

是的，不論在文章裡，還是演講的時候，我都一再說要相信「遇上最倒楣的事情，裡面也一定藏著最美好的禮物。如果你說沒有，那一定是你不肯找，找不到而已」。現在，一個人要面臨死亡的關頭了，我要怎麼讓他相信，即使是死亡，裡面也藏著最美好的禮物？怎麼去找到那個禮物？這可是我還沒有經驗的。我要怎麼表達，才能避免輕佻，又不會沉重？

我帶著一點不安，回台灣去看他。

出乎我意料，九十的狀態非常好。雖然還是很瘦，但是眼睛、說話都非常有神。先前通電話的時候，說他轉移到頭部而突起的一塊腫瘤，因為照鈷六十而消了下去。更動人的是，他的態度。九十告訴我這麼一段話：

「那天，三個醫生走進我的病房。一人站到一個角落，對我鞠了一躬，說對不起，他們已經再也無藥可用了。我聽他們這麼一說，開始的時候先是想：啊，那就是要進安寧病房了吧。但是轉念又想，怎麼可以就這樣掉下去，於是就跟醫生說：『無藥』了啊，那也就是『無病』了嘛。我就跟他們道謝。」

接下來，九十就出院了。他說，他就安心地享受他的生活，最重要的是，他學會對秀芬表示他的愛，他的感謝。以前從沒對自己的太太有過甜言蜜語，現在他要彌補。至於身體又哪裡不舒服的時候，就再進醫院住幾天。好些了，就再出院。他說，他相信「應無所住而生其心」。

聽到這裡，我不只鬆了口氣，也完全放心了。我不再擔心如何和他溝通尋找那美好的禮物。如九十給我的簡訊中所言，他的確已經找到「埋在心中最美妙的種子」了。人的生命是一個過程。我們每個人在追求的，都是使這個過程能保持其平安、開朗、尊嚴。有的人能在自己事業得意的時候如此保持，事業低潮時不見得；有的人能在身體健康的時候保持，有病痛的時候不見得。而九十能在他知道自己生命走到最後關頭時，如此泰然而從容地面對，已經掌握到生命的真諦，讓我感到欣慰，更感到佩服。

我去見洪啟嵩，他對「臨終光明導引」一向有特別的修持。我去跟他說我有這麼一位朋友現在的情況，並請他在修法的時候多加照顧。

四月在台灣的時候，我又去看了九十兩次。最後一次還把我開發了多年的一個出版計劃給他看。他看了之後，一直說「讚！」然後要我叫羅仕京去找他，他要告訴仕京這套書可以有什麼樣的「打法」。

五月，我忙碌於奔波兩岸。然後，十六日晚又接到秀芬電話，說又住院了，這次呼吸不順暢。她問我何時回台灣，我說十八日晚上會到。秀芬說，九十一定會等我。

我不知道秀芬說的「呼吸不順暢」到底有多嚴重。十八日白天在香港時，發一簡訊給他：「九十：呼吸感到不順暢，不要緊張。把呼吸放慢、放細、放深。呼吸的時候，持續不急不亂地一心念『南無大慈大悲觀世音菩薩』，或其他你常持的佛號。不論發生任何情況，都一心不亂地持誦下去。南無大慈大悲觀世音菩薩。Rex」。秀芬告訴我，她已經轉告九十，九十也說聽懂了。

十八日晚十一點多到台北。因為時間很晚，所以事先約好第二天一早去看他。

我在七點多到了醫院。原定看他一個小時，再趕去中壢的中央大學做九點半的演講。但是我一進病房，才意識到秀芬故意說得太過輕描淡寫，九十這次的情況不同於上次了。

九十在吃力地呼吸著。心跳的曲線也在大幅地波動著。我有點懊惱怎麼昨晚一下飛機沒立即過來；又在想早知如此，應該把洪啟嵩請來，請他照顧九十這最後一段路。但是在那最後關頭，我只能把這些念頭都放下，不要受其干擾。

我和九十握握手，坐在床邊跟他說，我知道他一定很清楚所有的狀況。現在我陪他一起唸阿彌陀佛的佛號，他把心思就安放在一句句的佛號上，像我簡訊裡所說的，呼吸感到不順暢，不要緊張。把呼吸放慢、放細、放深，持續不急不亂地念「阿彌陀佛」。我沒有什麼特別的修持或法門可以派得上用場，我唯一知道的，相信的是，這個時候只要能一直一心不亂，持續誦念「阿彌陀佛」，一定會有很奇妙的事情發生。

我這樣陪九十走了他人生最後的兩個小時，聽著他的呼吸從急促、吃力，逐漸拉大間隔，緩慢下來，也看著他的心跳曲線，波動幅度逐漸縮小。中間催我出發去演講的電話來了，我沒接；連關掉手機的動作，我也沒做。我只希望能陪九十一心不亂地把「阿彌陀佛」下去。

九十的呼吸聲逐漸很久才聽到一次。秀芬在吻他的額頭，輕聲告訴他，他撐了這麼久，最棒了，要他放心，她會好好照顧孩子。再過了一會兒，完全聽不到九十的呼吸了。我抬頭看看儀器，心跳曲線則還在很緩慢地拉出一個小小的波動。一會兒，又緩慢地小小一個。秀芬和孩子幫他做最後的擦拭清洗，我則繼續維持念「阿彌陀佛」的節奏。一直到最後，儀器上的曲線，連最小的波動也看不到了。護士進來宣布：「曹永錫已經在民國九十八年五月十九日早上九點零二分死亡。」

護士走了後，我跟九十說：「九十，可是我知道你現在一定聽得到我說的話。我要趕去一個演講，不能再陪你。你就一直持續唸『阿彌陀佛』，一心不亂地唸，一定會有奇妙的事情發生的。」

那天稍晚，秀芬打電話給我，說看到了九十臉上露出一個微笑。

九十不只曾經是我的一員大將。

越到他人生最後的階段，我從他身上學到越多的東西。

我很感謝他一直等到我回台灣，給了我陪他走這次人生最後一段路的機會。
我很榮幸。

6 知識

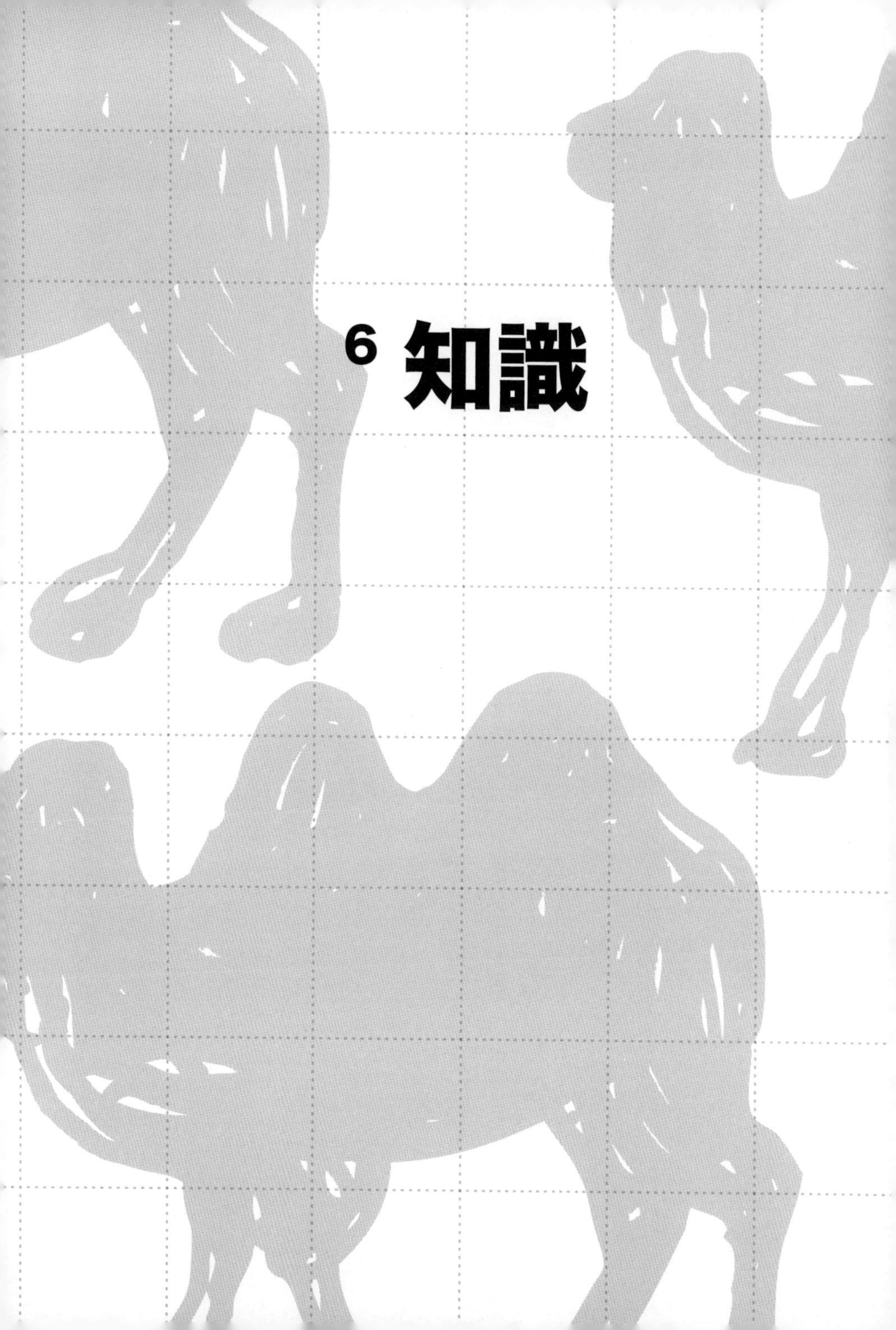

理性思考的依據

駱駝的基因，是專業與沉穩。

專業與沉穩，又有很大一塊是來自於理性——相信理性，善用理性。

我在思考、追尋理性這件事情上花了很長的時間，也找到一本很可依據的書，所以想和所有的駱駝分享。

我在韓國讀的中學。中學，本來就是血氣方剛、年少輕狂的年紀，加上韓國人容易激動的社會氛圍，就更容易心情澎湃。

所以，如果有人問我，中學時代記憶最深的是什麼，我回答的，是朋友，以及音樂——搖滾樂。

說起心情澎湃，除了朋友和音樂，還有什麼？

是那些朋友，帶著我去了許多危險的和平常的地方，進出了許多學生該去與不該去的場所，讓我個性的發展沒有受任何肢體不便的限制。

是音樂，從Beatles，Moody Blues，到Deep Purple，一首首可以跟著嘶吼到啞了嗓子的歌，讓我沒有缺少吶喊與宣泄。

在那個莽撞的歲月，人生的規劃，談不上。未來的方向，不清楚。唯一明確的，就是中學畢業了要去台灣。

去台灣？隻身遠渡重洋，拄著拐杖如何自理生活？在那個坐式馬桶並不普及的時代，如何解決上廁所的問題？別人問。

不知道。反正去了再說。船到橋頭自然直。不是有這句成語嗎？

我這樣來了台灣。的確冒著相當風險。

不過，風險是有回報的。

對一個當初只是憑著一股激越之情而執意前來的少年，台灣給了他當初並沒有想像到的一切。

諸如此類的事情，使得我從中學階段形成的個性是，相當依賴感性與直覺行事。或者簡化點說，很依賴「感覺」行事。

我相信置之死地而後生，因而往往孤注一擲。

我相信抉擇本來就需要魄力，因而喜歡手起刀落，即使不小心切到自己。

我相信事難兩全，做大事者不拘小節，因而不忌粗枝大葉。

很幸運地，只能說上天保佑，這樣一個對未來沒有計劃，做事情不善周密，性格又經常衝動的人，一路在工作生涯中還逐漸能夠有其發展。

直到三十歲前後，我意識到個性中這些傾斜，對如此的自己甚感不喜，因此想做大幅度的調整。

我開始刻意練習觀察事情要有不同角度，從內看，從外看，從大看，從小看。甚至，置身在一個眾人談話的環境裡，練習從自己的視角看，再從一個虛擬的空中鏡頭的視角看。

我努力練習當自己直覺已經決定要奔騰的時候，趕快加幾條韁繩牽絆。我仔細練習從事情最細微的末節，注意其分寸的差異。這樣花了二十年的時間調整，雖然總是漏洞百出，改不勝改，然而方向卻算是明確的，那就是希望節制自己太過倚仗感性與直覺行事，多加入一些理性與方法。

有沒有用？

真不見得。

二十年的前十年，是屢戰屢敗，奮力而為。後十年，是屢敗屢戰，略有心得。

這要感謝《金剛經》，以及六祖慧能大師的口訣。這些口訣言簡意賅，讀誦多年，不斷有翻新的感受與體會，成了我工作中、生活中的終極指引，大幅修正了我易於往感性傾斜的慣性。

更根本的，是知道了自己曾經很倚仗的「直覺」，是多麼地虛妄而又不可靠。當一個人的心念混亂，尤其很容易受外在情境的影響而澎湃，掀起重重波濤的時候，所謂「直覺」，其實往往不是「幻覺」，就是「執著」。

這有點像是所謂的「點子」與「創意」之別。「點子」與「創意」，很容易為人所混同，然而一個任何人都可以異想天開的「點子」，和一個專業訓練有素的人的「創意」，來路大不相同，其作用力及價值也大不相同。

《金剛經》的鍛鍊，讓我明白過去自以為是的「直覺」之不可倚恃。要從頭練習認識自己的心念，對心念有所掌握，去除種種不必要的執著，拂開隨時飄浮而來的幻覺之後，才能談得上「直覺」。為了區分前後兩種「直覺」之不同，後面的這種也許可以術語稱之為「直觀」。

在這個練習的過程中，六祖的《金剛經》口訣，有一句我特別受用：「覺諸相空，心中無念。念起即覺，覺之即無。」尤其是後面那兩句「念起即覺，覺之即無」，讓我可以逐漸練習，如何從第一手時間就設法觀察到那些披著各式偽裝彩衣的執著與幻覺。

雖然說《金剛經》是超脫於感性與理性之外的，但是對我這個愚鈍之徒而言，卻因為先幫我消除了過度往感性的傾斜，所以相形之下，也就多留出一些空間給理性與方法進場接手。相當大程度上，《金剛經》成為我理性的基礎建設（我對《金剛經》與六祖口訣的一點心得，請參閱《一隻牡羊的金剛經筆記》）。

有了這些基礎建設，我才有了可以觀察自己、逐漸改變自己的工具。

我練習去除孤注一擲的傾向，寧可相信雞蛋多放在幾個籃子裡。

我練習不再相信兵貴神速，寧可謀定而後動。

我練習事事注意分寸，寧可被看作是謹小慎微。

至於基礎建設之外所使用的方法，則雖然也參酌些別人的經驗，但主要是我整理自己實戰經驗而得來的。

直到我讀了笛卡兒（René Descartes）的《談談方法》。

有一些書，是「傳說中的書」。傳說的意思是，總是聽過而沒讀過。

《談談方法》，正是代表之一。

多少人聽過這本書裡所談的「我思故我在」，朗朗上口，但又有多少人根本沒讀過這本書。因為沒讀過，因而這又是很容易被誤解的一本書。

《方法論》（*Discours de la Méthode*）是一般人常稱呼這本書的書名，但卻是錯誤的書名。《談談方法》的原書名是《談談正確運用自己的理性在各門學問裡尋求真理的方法》

（*pour bien conduire sa raison, et chercher la verité dans les sciences*），由於太長，所以簡稱為《談談方法》。笛卡兒的原意，認為他談的方法是可以為每一個人所用的，並且不想讓人覺得深奧難解、板起臉來說教，因此他堅持稱之為「談談」，而不說是「論」，只可惜今天大家仍然習稱為「方法論」，忘了笛卡兒的本意。

笛卡兒自述早年進的是歐洲最著名的學校，並且「以為讀書可以得到明白可靠的知識，懂得一切有益人生的道理，所以我如飢似渴地學習」。

但是他畢業後卻看法大變，發現自己陷於疑惑和謬誤的重重包圍，「除了那種可以在心裡或者在世界這本大書裡找到的學問之外，不再研究別的學問。於是趁年紀還輕的時候就去遊歷……」

然而，這一段考察各地風俗人情的經歷（其間他甚至參與過一場戰爭），除了讓他大開眼界之外，仍然無助於讓他發現過去在書本所沒有發現的真理。於是他下定決心：「同時也研究我自己，集中精力來選擇我應當遵循的道路。這樣做，我覺得取得的成就比不出家門、不離書本大多了。」

而後，他就把自己的心得整理為《談談方法》。

這本書裡談的「我思故我在」，是大家耳熟能詳的。但這裡的「思」，也是很受誤解與誤用的。

笛卡兒說的「思」，其實是「懷疑」。他的「談談方法」，其實也就是談談怎麼對自己不明白的事情抱持懷疑，以及如何由懷疑而建立自己對事物認知以及瞭解的方法與過程，還有一些伴隨的行為準則。

笛卡兒認為，所謂的「智慧」，「指的並不只是處事審慎，而是精通人能知道的一切事情，以處理生活、保持健康和發明各種技藝」，而「這種知識要能夠做到這樣，必須是從一些根本原因推出來的……也就是本原」（見此書附錄《哲學原理》的法文版譯本序文）。

而他在摸索，思考這個「本原」的時候，用的就是他所說的：「任何一種看法，只要我能夠想像到有一點可疑之處，就應該把它當作絕對虛假的拋掉」，因此，思考最重要的是「懷疑」。所以，「我思故我在」裡的「思」，不是別的，是「懷疑」。

因此，笛卡兒談了談他的四個方法，原話就清楚明白，真的是「談談」：

第一條是：凡是我沒有明確地認識到的東西，我絕不把它當成真的接受。

第二條是：把我所審查的每一個難題按照可能和必要的程度分成若干部分，以便一一妥為解決（英文譯本中則強調切分的「部分」越多越好）。

第三條是：按次序進行我的思考，從最簡單、最容易認識的對象開始，一點一點逐步上升，直到認識最複雜的對象；就連那些本來沒有先後關係的東西，也給它們設定一個次序。

最後一條是：在任何情況下，都要盡量全面地考察，盡量普遍地複查，做到確信毫無遺漏。

由於這是一條從懷疑到認知到明白的過程，很顛覆，也可能很漫長。過程中，就像打掉舊屋要重建，新屋沒建起來的時候，需要有一個暫時的居處，因此他在「受到理性的驅使，在判斷上持猶疑態度的時候，為了不至於在行動上猶疑不決，為了今後還能十分幸運地活著」，所以給自己定了一套臨時的行為規範。

這幾條行為準則，歸納整理起來是這樣的：

一、遵從這個社會及法律的規定。在所有的意見中，採取最遠離極端、最中道之見，來約束自己。

二、在不明白自己的選擇是否正確時，要跟從或然率。看不出或然率大小比較的時候，還是要做一抉擇。一旦抉擇，就不再以為它們可疑，而相信那是最可靠、最正確的看法，果斷堅決，不再猶豫，反覆無常。就像密林中迷路的人，總要前行，不能停留在原地。

三、永遠只求克服自己，而不求克服命運。只求改變自己的願望，而不求改變世間的秩序。要始終相信一點，除了我們自己的思想，沒有一樣事情我們可以自主。盡自己最大的努力去改善。改善不了的，就是不可能的。不可能的事，就不要去癡心妄想。這樣也就可以安分守己，心滿意足。

笛卡兒說：「憑著這種方法，我覺得有辦法使我的知識逐步增長，一步一步提高到我的平庸才智和短暫生命所能容許達到的最高水平。」

笛卡兒的《談談方法》的重點就是如此。

笛卡兒在啟蒙時代裡被奉為旗手，《談談方法》則是瞭解近代西方文明，也是瞭解「理性」之所以然的最基本、也最根本的起步，不是沒有道理的。

也許有人會說，從《談談方法》這些重點來看，每一點都沒什麼神奇，都可以在中國文化裡找到相對照之處。

強調人之應該以人的理性來行事，我們早就有「敬鬼神，而遠之」的說法。

「我思故我在」的懷疑精神，我們有「格物致知」可以對應。

全面收集、考察資料的方法，我們有考據之學可以對應。

說是要「遵從這個社會及法律的規定。在所有的意見中，採取最遠離極端、最中道之見，來約束自己」，那不就是我們的「中庸」之道嗎？

說是「一旦抉擇，就不再以為它們可疑，而相信那是最可靠、最正確的看法，果斷堅決，不再猶豫，反覆無常」，那不就是我們的「百折不回」嗎？

「永遠只求克服自己，而不求克服命運。只求改變自己的願望，而不求改變世間的秩序。」那不就是我們的「樂天知命」嗎？

然而，我覺得，還是大不相同的。

笛卡兒《談談方法》出現的背景，是在歐洲脫離中世紀，擺脫宗教與上帝的束縛之後，回到人的世界，以理性主義而揭開的啟蒙時代。

西方文明的起源，就有「神」與「人」的對立，「神」與「人」的相爭。基督信仰的一神論，把神的力量統一也擴大到極致，相對而言，人的存在與掙扎，則更微不足道。因此，一旦中世紀漫長的「神」的時代結束，人開始以人的角度與視野來面對宇宙與知識架構，也就是進展到「人」的時代，那就努力把人之為人的「理性」，做了最徹底也最系統的探索。

中國文明，情況大不相同。中國沒有「神」與「人」的對立，是因為我們本來就是「天、地、人」三才的宇宙觀，以及因此而生的知識系統。這是一種「超自然」、「自然」與「人」並存的文明，「儒」、「道」、「釋」三家能在這個文明裡融合得這麼自然，不是沒有道理。

因此，中國人的理性裡，從來就可以接受許多「不可說」的部分。我們且不談佛家。我們看看先秦的人物裡，即使可說是理性思考的極致的韓非子，也都深受老子「道可道，非常道」所影響，就知道中國思想裡如何一直為「不可說」的部分留著相當大的空間。韓非子鉅細靡遺地把人性與管理之道做了解剖式的分析之後，最後還是要說那終究之道是「以為近乎，遊於四極；以為遠乎，常在吾側；以為暗乎，其光昭昭；以為明乎，其物冥冥」。

中國思想，沒有「不可說」的部分就不足以稱之。這和西方近代以笛卡兒等人為代表，企圖以人的理性，解析宇宙及人類知識系統所有未解之處的努力，大不相同。所以，兩者固然都有個別的「理性」方法可以對照，但不該等同視之。

更值得重視的，是一些個別的「理性」方法儘管類似，但能不能形成系統。

笛卡兒的《談談方法》，其實最厲害的還是四個方法使用的順序，以及搭配的三個行為準則，相互架構出一個系統。這些方法一旦可以形成系統，那就和單獨存在與使用的時候，形成完全不同的作用與意義。

是這些原因，讓我覺得不能因為說是笛卡兒所談的，都可以在中國文化裡找到相對照之處，就小看了《談談方法》這本書。

起碼，對我個人來說，有一個方法的系統，和只是有許多方法的組合，是截然不同的。

就一名讀者而言，我終究是要為自己在五十多歲之後，為「理性」是怎麼回事苦苦思考了二十多年之後，才讀到《談談方法》，而心存感激（一如我要感激在四十四歲那年才讀到《如何閱讀一本書》）。

讀了《談談方法》之後，我終於有機會全面對照自己曾經練習過的各種理性思考的方法，並且瞭解了這些方法就一個系統與架構而言的意義與作用。

我談過自己讀了《韓非子集釋》之後，感嘆自己對管理一事的體會云云，與古人相形之渺小。讀了《談談方法》之後，則為自己花了這麼長的時間思考理性是怎麼回事、尋找理性的方法，而所獲的線索與心得，都早在笛卡兒的書中完整地呈現，感到啼笑皆非。

我當然不是說自己要就此排斥包容著「不可說」的思想體系。我是相信，在讀了《談談方法》之後，可以給一向習於在思考中容納些「不可說」的自己，更多「可說」的探索與推展。有系統地使用理性來進行這種探索與推展，一定會給我帶來很大的樂趣。

所以，如果你也想形成或強化自己的理性思維系統，不能不讀笛卡兒的這本《談談方法》。

笛卡兒在《談談方法》裡說的這些原則真的很好用。

我不時要默背一下。

在面對未知因素很多的決策時，很好用。

在需要探索一些陌生的知識的時候，也很用。

真的，這是一本很好讀的書，甚至可以躺在浴缸裡讀。

後記：

我的收穫，還不只如此。讀了這本書，我對《金剛經》的體會，其實也更別有體會。

譬如，笛卡兒說，「在不明白自己的選擇是否正確時，要跟從或然率。看不出或然率大小比較的時候，還是要做一抉擇。一旦抉擇，就不再以為它們可疑……」

這段話裡，笛卡兒沒有解釋，如果「看不出或然率大小比較的時候，還是要做一抉擇」的話，到底要如何抉擇。

這總不會是個丟銅板的事情。

在這一點上，正是超脫理性與感性的《金剛經》所可以著力之處。

那是另話。

談談方法之外

說到《談談方法》，還有另一件事情可以提一下。

和閱讀有關。

談到閱讀，大家不免會想到「開卷有益」、「多多益善」。只是在考試教育主導的我們社會裡，由於「閱讀」跟「讀書」跟「考試」跟「學歷」等等畫上了等號，所以這些鼓勵閱讀的話也都很容易變質，有所扭曲。

事實上，書固然要多讀，但也不能不注意少讀。

清朝的李光地說：「如領兵十萬，一樣看待，便不得一兵之力；如交朋友，全無親疏厚薄，便不得一友之助。領兵必有幾百親兵死士，交友必有一二意氣肝膽，便此外皆可得用。」是這個意思。

叔本華（A. Schopenhauer）說：「讀書時，作者在代我們思想，我們不過在追尋著他的思緒，好像一個習字的學生在依著先生的筆跡描畫。」因此，「讀書時，我們的頭腦實際成為別人的思想的運動場了。所以讀書甚多或幾乎整天讀書的人，雖然可藉此養精蓄銳，休養精神」，但是卻會「漸漸喪失自行思想的能力，猶如時常騎馬的人終於會失去步行的能力一樣」，也是類似的意思。

如果我們要提醒自己如何獲得少讀書之妙、之要，《談談方法》正是最好的一個代表。

《談談方法》就是李光地所謂那「有一二意氣肝膽，便此外皆可得用」的書之一。

《談談方法》也是叔本華所謂讀了而不致「漸漸喪失自行思想的能力」的書之一（笛卡兒本身就是從放下書本之後，才整理出這些方法的）。

所以，我曾經說：「這本書告訴我們少讀書或不讀書也能追求智慧的方法，但也告訴我們閱讀的終極方法。」

《談談方法》還可以從另一個角度，提醒我們一件有關閱讀的事情。這件事情和我們的閱讀習慣有關。

應試教育產生一個很大的後遺症，就是我們把閱讀應有的方法、速度和習慣，都制式化了。——因應考試教育而有的制式化。這種制式化，就是不論任何書，我們都容易養成非要從第一個字讀到最後一個字，甚至還非得記下來不可的習慣。在考試的壓力下，任何一題的分數都可能影響升學如此巨大的時候，當然課本裡任何段落任何詞句，都不能放過。

大約形成於中學六年的這種制式閱讀習慣，會跟隨我們很長的時間，有很深遠的影響。

然而閱讀不應該如此。對於不同的書，要有不同的閱讀方法。

固然，有些書需要從第一章的第一個字讀到最後一個字。但更多的情況，是有些書，需要跳過開頭的兩章從第三章讀。

有些書，需要先讀最後一章。

有些書，只需要讀其中的一章即可。

還有些書，就是其中的某一章不需要讀。

像《談談方法》這麼一本有關閱讀終極方法的書，正是最後一個代表。整本書裡有一章是我們可能不需要讀的。這一章就是「第五部分」。

在這一章，笛卡兒主要談的是心臟的結構與作用。他花了大量文字敘述來解釋當時有關這方面的重大發現。而今天我們知道，要了解心臟的結構與作用，有遠較方便的圖文書，以及影像解說。

對於不同的書，本來就要有不同的閱讀方法。

一本可以稱之為閱讀終極方法的書，竟然也有「其中的某一章不需要讀」，可以給我們一些提醒。

7 生活

工作壓力的形狀

你有沒有想過，自己的工作壓力長得什麼樣子？

不同行業，工作的壓力各有不同的面貌。

以書展這個行業來說好了。一個書展，長短不過四、五天的時間。但是為了策劃這四、五天的展出，你要花上一年其他三百六十天的時間。所以這個工作的壓力，像是個漏斗型的錐子。上面的一年準備時間，看來面積很大，但是所有壓力的焦點，都集中在最後那四、五天的時間。壓力的聚焦如此之大，像是一把錐子。

不但如此。書展裡所有參展者都關心他們的展位位置，位置決定了極大的展出效果，每個參展者都希望在有限的空間裡爭取到最好的位置。一年一次的書展，成敗的檢討也一年一次，任何改進與調整，都只能看一年之後如何。所以這屬於全體參展者對於空間與時間上的焦慮感，又把錐子形成得更加尖銳。

書展還有一種特別的壓力。一個書展不成功的時候，大家都會覺得那是個文化活動，只有文化人才注意，不干其他人的事。但是一個書展一旦做成功，熱起來，除了經濟的效益之外，很多原來和文化不相干的人也都會注意到它的形象與影響力量，因而會吸引各方人馬前來染指。錐子更鋒利了。

衛浩世（Peter Weidhaas）做法蘭克福書展主席長達二十五年。退休的時候，一家法國媒體遴選二十世紀後半影響歐洲最大的五十人，德國入選的三人裡，他是其一。我對書展的許多了解與知識，都是從他那裡來的。有一天我把自己對書展壓力的體會，用一把錐子來形容跟他說的時候，他很同意。

「所以，每個書展主席，不論大小書展，都會面臨極大的壓力。」衛浩世說。「而這種壓力是其他人無從明白的。」也因此，他從法蘭克福書展退下來之後，全球二十幾個書展的主席共同組成一個書展主席的聯席會議，由他擔任主席，彼此交流只有他們之間才懂得的痛苦與快樂。

書展的工作壓力，也不是光書展主席才有。所有在書展裡工作的人，都會有所體會。像衛浩世二十五年的任內，他手下就曾有兩個人承受不了這種壓力而自殺。錐子形的工作壓力既然如此聚焦，想要做好這個工作，就表示需要一種可以讓自己在瞬間、在極短的時間裡承受極大壓力的可能。

餐飲業，顯然就和書展的工作大不相同。一家餐廳開業之後，一年三百六十五天（近乎）都在營業。每天沒有做好的工作，總可以在第二天，或是在其他的日常運營時間裡，就嘗試改善。但是，同樣的，一年三百六十五天你得天天都背負著經營壓力。這種壓力型態，不是錐子，而像是一長條鐵塊。特定幾天的營業好壞，影響不了你的生死。但是這三百六十五天的經營壓力，背在你身上卻沒有一天能卸下。

每個行業的壓力，都有自己特有的壓力型態。餐飲業和出版業不同。雜誌和書的出版不同。同是雜誌，月刊和周刊也不同。畫一下你的工作壓力的形狀，看看它長得像是什麼，再來看看你的狀態適不適合應對這種形狀的工作壓力。

如何消除壓力

除了如何兼顧工作與家庭這個課題之外，工作的人，另一個最大的課題就是如何消除壓力。

《六祖壇經》裡，提到通往覺悟的兩個途徑。

「身是菩提樹，心如明鏡臺，時時勤拂拭，勿使惹塵埃。」是一個。

「菩提本無樹，明鏡亦非臺，本來無一物，何處惹塵埃？」是另一個。

如何消除壓力，大約也有這麼兩條路。

一條，是努力使用一些方法來提醒自己，不要讓自己墮入壓力的深淵。

另一條，則是直接融入壓力，將自己與壓力合而為一，因此就沒有壓力可言。

先說怎樣走第二條路，再來談第一條路。

走第二條路，將自己與壓力合而為一，說來很容易，但也很不容易。取決於一個前提。你要真心熱愛你的工作，甚至，你要相信自己這一生就是為這個工作而來。這個時候，你就沒有成敗的計較，甚至，你會發現，所有的壓力，都是為了成就你而來。這個時候，壓力就不是壓力了。不是壓力的壓力，還有什麼壓力可言？

但是，也許，你並沒那麼熱愛你的工作，你也並沒發現這一生就是為了這個工作而來。那就可以走第一條路，「時時勤拂拭，勿使惹塵埃」——努力設法消除壓力。

消除壓力，有兩件最重要的事：不生別人的氣，不生自己的氣。

不生別人的氣，就是不因為別人對你的任何言語、舉動而動搖自己工作的腳步。不論別人是有意地破壞你、侮辱你，還是無意中搞砸你，都與你無關。那是別人愚蠢的行為，你犯不著為別人愚蠢的行為生氣。為別人愚蠢的行為生氣，就是拿別人愚蠢的行為來懲罰自己。沒有道理。

不生自己的氣，就是不因為自己錯失過任何機會而懊惱。

我們再來看看二〇〇六年世界盃決賽，席丹（Z. Y. Zidane）犯下那一頭鎚致命的錯誤。

一百二十分鐘的比賽裡，最後那十分鐘（不只是這場冠軍戰的最後十分鐘，也是他十八年足球生涯的最後十分鐘），到底是發生了什麼事，讓這位一向球風、人品風靡全球足球球迷的大師，犯下一個那麼愚蠢的錯誤？

馬特拉吉（M. Materazzi）在和他拉扯之後，到底對他說了什麼話，使得席丹非得要在走開現場後，又回頭一頭把對方撞倒在地？

席丹後來出面說明過程：因為馬特拉吉一而再地用言辭侮辱了他的媽媽與姊姊，因而他再也忍受不了，犯下了大錯。

我不滿意席丹的說明。就一個看球的觀眾而言，我覺得答案可能在另一個畫面裡。

在延長賽上半場快結束時，席丹接獲隊友一個妙傳，在義大利門前頂球，眼看著就要進球的時刻，球卻被義大利門將布封（G. Buffon）給貼著門楣撥了出去。一般來說，差一點就進球而沒得的球員，典型的表情是雙手摀頭，無語問天，或無奈，或惋惜，或沮喪。然而，電視上我看到席丹錯過那一球之後的表情卻是極為憤怒，大聲嘶吼。席丹沒有表露出無奈、惋惜、沮喪，反而是憤怒，這是可以理解的。那一球他如果頂了進去，不只法國隊可以拿下金盃，席丹還可以繼一九九八年的神奇表演後，成為這場比賽包辦法國隊兩顆進球的頭號功臣，順利為自己十八年的征戰畫下完美句點。更何況，還有機會取代普拉提尼（M. Platini），成為法國有史以來最偉大的球員。

然而，這一切的一切，都因為布封把那一球擋了出去而化為泡影。

看著那一球被擋了出去的席丹，表情不是惋惜的無語問天或垂頭喪氣，而是憤怒地吼叫，情緒可想而知。

會不會是這股波動的情緒沒能平復，終於在幾分鐘後碰上另一個人的言語挑撥而爆發，鑄下了大錯？席丹是不會說明的，這裡面的情緒，是難以為外人道的。但，是可以想像的。

而不論席丹到底是因為生馬特拉吉的氣，還是因為生自己錯過那比黃金還要珍貴的機會的氣，其實都是消除壓力的一個負面示範。

燈紅酒綠

以駱駝的工作性質，以及種種相關因素，很可能經常有機會出入一些應酬場合。這些場合，大多只從餐聚開始，然後延展開來，有很多面貌。

我也曾經有過那麼一段時間，先是好奇地張望，後來甚至有些樂此不疲。

一九八〇年代末，九〇年代初，我在時報工作，因為坐到了一個總經理的位置，忽然大大小小的應酬邀約，接連而至。當時自己給自己一個理由，說是為了推展業務，不免如此，於是就來者不拒。後來大家既然相識，有了交情，就更進而主動邀約，呼朋引伴。

應酬多了，大家熟了，不免再續攤，進而是燈紅酒綠，醇酒美人。

記得常去的地方有幾類：萬華的小吃攤，這是同事常一起聚餐的地方；卡拉ＯＫ房，建國北路的巷子裡有一家大家常去；松江路的鋼琴酒吧。

回顧起來，覺得應酬的世界真是自有天地。那兒有一套自有的文化與生態。

許多人以業務為名來吃飯、喝酒，其實不過是同樂聚會、借酒散心。

許多人以同樂聚會、借酒散心為名，其實別有用心。

許多人不以任何為名，去了只是想當大佬，擺譜。

還有人，什麼都不是，純粹只是愛喝酒。喝到死的愛喝。

人一喝了酒，就可能什麼樣子都現形。

有人平時不拘言笑，喝多了就蹦高竄下。

有人平時言語幽默，風度翩翩，喝多了就要抱你痛哭流涕。

有人平時謹小慎微，一切退縮自守，喝多了什麼驚人的事都做得出。

有人平時就愛當老大，一喝酒，那他就要把整個場子全包了。

雖然各色人物不等，但是多年後回想起來，卻發現記得住的全是一些駱駝的身影。因為那些場合，小鳥還沒有資格去。鯨魚，另有遊樂天地，就算偶爾出現，只是客串一下。只有駱駝，因為有合適的名目，可以支配的花費，所以把那裡當作是白天工作世界外的一個任意門，給自己找一些快樂，或者麻醉。

因為駱駝喜愛在這裡找到白日荒沙行旅中沒有的舒解，所以駱駝也經常在這裡最沒有防備，或者說，無從防備，不是原形畢露，就是會另外扭曲一個自己出來。

因此，就像日本商戰漫畫裡所說的，大企業要遴選接班人的時候，一定要先測試過候選人在燈紅酒綠下的表現。

駱駝，身為中堅幹部，的確有資格，也有名目混進那個世界。

但，你可以不必的。或者，頂多，看一眼吧，不要逗留。

不要忘了，駱駝扮演中堅角色的不只是在公司，還在家裡。

多一分應酬的時間，你就少給家人一分鐘的時間。

而駱駝在白天行走了漫漫長路之後，最需要的，是家人的鼓勵和溫暖。不是燈色迷離，酒光恍惚的另一種刺激。

這是我有過的心得。

微型人生

二十多年前，我在業務上應酬很多的時候，有一天，一位好久不見的朋友從香港來。她問問我的作息情況，說那怎麼行啊，你哪有時間陪家人吃飯啊。

我說是啊，怎麼可能有時間。

她說，可是她們香港人有個大富豪，每天再忙，連午餐都一定回家吃的。

她說的話，我並沒有以為然。我大致的想法是，人家規模那麼大的企業，人才齊足，當老闆的當然有資格可以回去吃午飯。我們的事業還在起步，哪談得到這些。

我繼續忙，忙到有一陣子，在街上看到自己的妻子都驚訝於她髮型的改變。因為每天我回家的時候，她早已入睡；每天她出門的時候，我還沒起床。太久沒看見她了。

不過，雖然那個富豪的名字我早就忘了，可是這件事情卻沒有在我心頭就此不見。即使在我終於把自己的婚姻和家庭忙到消散之後，即使有一段時間我在台灣徹底單身一人，那個每天一定回家吃午餐的人，不時會從心底溜出來晃一晃，好像在提醒我什麼，又好像在反問我，你的回答對嗎？

後來，我又有一次機會組織了自己的家庭。

君子不二過。我不能重蹈覆轍，不能不思考怎麼重新安排工作與家庭的時間。

我一下子把晚上的應酬戒掉了。有一陣子，甚至我甚至連晚飯都不吃了。晚上多出來完整和家人相處的時間，這不是問題。

我最大的考驗，出在週末時間上。

過去在工作上發揮蓄水池調節功能的週末，要改換用途，最起碼要全心全力地用來陪家人了。有一陣子很不適應。因為週末時間雖然不需要那麼多時間睡眠了，但是週末用來當作總結上週工作，計劃本週工作的作用，卻一下子亂了章法。

來。

我心底不停地有個聲音說，這多可惜啊，這多可惜啊。可惜多了，心情就不很愉快起從逐漸讓自己適應週末時間的新用途，到心平氣和地接受，到極其愉快地把這當成生活裡應該的安排，我前後花了大約五年的時間。這時候，我突然發現，即使不是每天，我也經常回家吃午餐了。

我仍然不是什麼富豪。我自己公司的業務，參予社會公益服務的活動，仍然讓我忙得團團轉，但是我和家人相處的時間，卻不知道比那個時候多出了多少倍。

工作和家庭如何兼顧，不是能不能的問題，而是想不想的問題。要想，才能。不想，是不能的。

這麼說，可能還是太玄。

來說一個比較實用的方法好了。

有一次我訪問意識型態廣告公司的鄭松茂，他談到一個「微型人生」的理論。

鄭松茂是這麼說的：

「一般的生涯規畫，好像是一條邏輯性的橫線。工作這一段就是從小公司到中公司到大公司，到更好品牌、更高的位階。然後再來是退休、旅遊……可是我後來就顛覆這個想法。我希望把這個橫向的線變成垂直的。最好我每一天的時間裡都有很好的工作感覺、很好的工作的過程、很好的工作結果跟呈現，因為我要服務我的客戶。之外我還有生活的感覺、我還有生活的內容。如果一天的時間實在容納不了這麼多內容，那就用一個禮拜的時間吧！如果這五天不行，另外兩天我一定要去過一點日子。

「如果說一般人看到的那條長長的橫線是人生的話，我現在注意的一條條短短的垂直線則是『微型的人生』。『微型的人生』不是生涯規畫，而是自我定位。」（網路與書主題書系列《少一點》）

換句話說，你可以不被「先衝刺事業，再照顧家庭」、「拚命賺錢，早早退休」這種觀念糊弄，甚至害到的。你想衝刺事業之後再來照顧家庭，家庭卻可能早就破散了；你想先拚命賺錢再提早退休享受，卻可能到時連享受的健康都不見了。

不要把工作和家庭切割得那麼不能並存。

「微型人生」的理論提醒我們，實在要把工作和家庭切割的話，以一天為你的人生單位來切割吧。最差，以一週為你的人生單位來切割吧。

如果把「先衝刺事業，再照顧家庭」、「拚命賺錢，早早退休」這種觀念應用在每一天的人生單位裡，運用到每一個星期的人生單位裡，那麼，最少你每天都一定有段時間是在照顧你的家庭，或者，最起碼，每個星期都一定有段時間是在照顧你的家庭。

這樣你不會在錯失一些事情後，後悔莫及。

沒有把時間都貫注到工作上，可能有人會覺得不安，覺得可以用在工作上的時間少了，工作就一定沒法做得那麼好了，那麼多了。

我的經驗告訴我：如果你可以兼顧你的工作與家庭，那麼，工作少一點，恰巧可以工作得更好一點，甚至更多一點。

聽來很矛盾。但是真的。怎麼會有這樣的謎底，只有在親身嘗試後才明白。

後記：微型人生的理論，可以給所有的上班族參考。但我覺得對駱駝又特別有意義。因為微型人生創造出的休閒空間，駱駝最需要。

專業，是駱駝的基因之一。談到專業，大家都會想到來自於努力工作所積累的那一部份。但是很容易忽略，專業，尤其是頂尖的專業，卻同時還要有來自休閒的培養。因為休閒才能思考，才能孕育出遊刃有餘。有一天，我和攝影家劉香成聊天有感而記。

讀一本小說吧

如果要給駱駝推薦一種休閒活動，我會說，讀小說吧。

一九九七年十月，我去香港出席一個會，坐一大早的班機。登機後不久，我注意到隔著走道，左前方位置的一位女郎。她幾乎是從入座之後，就開始拿出一本書，非常專注地讀了起來。並且不久就拿出一本筆記本，邊讀邊做筆記。

看到這麼一位專心的讀者，我就好奇起來，想要知道到底是什麼書，吸引她到如此地步。

空中小姐來送早餐，她頭都沒有抬地回絕了。

機窗外，陽光照進來。女郎穿著一身墨綠的無袖洋裝，外罩一件鏤空的白色披肩，側影十分秀麗。

而我，等待了好一陣子，好不容易才有個機會偷瞄到書的封面，揭開了謎底。是當時一本極為暢銷，談如何成功的書。

一直到抵達香港，飛機在跑道上滑行至機艙門打開之前，她都沒有停止專心的閱讀。所以她不知道有一個人一路如此窺探她，也不會知道那個人曾經為她手上的書偷換了幾十種想像，甚至懊惱起來，為自己曾經出版過那麼多類似成功主題的書籍而感到罪過。

我多麼希望她手上拿的是一本小說。任何小說都好。

小說（fiction）和非小說（non-fiction），有個本質的差異。

非小說，是作者用精練的文字，把一個複雜的道理講得清楚。讀的人，總巴不得作者用三十個字就能把他要說的話歸納出來。這樣的好處是清楚、明白、直接。壞處是，你得來輕鬆，很容易會不當一回事。

小說，是作者用複雜的故事，把一個核心的訊息隱藏起來。讀的人，迤迤邐邐跟著作者走過三十萬字，可能光是故事情節就聽得目眩神移，別的也都忘了。好處是，可能多年後一翻，那個故事就真的是你的故事了，那個道理也是你的道理了。

《紅樓夢》第一百零五回開場，賈政正在家裡設宴請酒，忽然下人來報，說是有一個錦衣府的堂官趙老爺，自稱與賈府至好，不等通報就帶領好幾個手下走進來。賈政等人還沒回過意來，人家已經登堂入室了。

賈政等搶步接去，只見趙堂官滿臉笑容，並不說什麼，一徑走上廳來。後面跟著五六位司官，也有認得的，也有不認得的，但是總不答話。

賈政等心裡不得主意，只得跟了上來讓坐。眾親友也有認得趙堂官的，見他仰著臉不大理人，只拉著賈政的手，笑著說了幾句寒溫的話。眾人看見來頭不好，也有躲進裡間屋裡的，也有垂手侍立的。賈政正要帶笑敘話，只見家人慌張報道：「西平王爺到了。」

賈政慌忙去接，已見王爺進來。趙堂官搶上去請了安，便說：「王爺已到，隨來各位老爺就該帶領府役把守前後門。」眾官應了出去。賈政等知事不好，連忙跪接。……那些親友聽見，就一溜煙如飛的出去了。獨有賈赦賈政一干人唬得面如土色，滿身發顫。不多一回，只見進來無數番役，各門把守。本宅上下人等，一步不能亂走。

趙堂官便轉過一付臉來回王爺道：「請爺宣旨意，就好動手。」

《紅樓夢》我少年時期讀過不止一次。但這一段錦衣軍抄賈府的場面，在我四十多歲後的有一天，偶然跳進了我的眼底。

那位開始滿臉笑容，後來「轉過一付臉來」的趙堂官，就像個活人般站在我眼前。我看得到他剛才笑容的角度，也看得到他轉過來之後，曹雪芹並沒有說是哪一付臉的那一付臉。因為我在幾年前，也遭遇過一個場面，也有一個人笑容可掬地走進我的辦公室，後來也以同樣的速度轉過一付臉來看看我。

像是讀《紅樓夢》這種小說，就是你必須經歷了自己的滄桑之後，才能看到年輕時候的你所沒能看到的層次。你這才為曹雪芹折倒。

所以說，閱讀小說需要你花的時間，遠不止看過那幾十萬字的時間。

我總覺得一個人應該讀小說，是因為小說是一個虛構的世界。而你進入虛構世界，需要三把鑰匙：

使用自己時間的自信與餘裕——否則你為什麼寧願讀幾十萬字而不是三十個字來體會一個道理？

想像力——小說的作者是啟動他的想像力而創作出來的。讀者的想像啟動得越大，越能體會、越不浪費作者為他展開的一切。

同情心——小說是人物的故事。讀一部小說，就是認識小說裡的那些人物。你沒有同情之心，沒法進入那些人物的內心世界。

一方面，小說需要你用這三把鑰匙才能進入。另一方面，小說也會給你鍛造這三把鑰匙。

讀小說的危險，是你讀到一本好看的小說，第二天上不了班。

好看的小說和不好看的小說，只有一行的差別。

所以，你想多看那一行，就多看了那一頁；多看了那一頁，就多看了另一頁。於是，不知東方之既白。所以我經常會為了床頭要不要放一本小說而猶豫。想放，是白天已經讀了各種各樣的理性的書，回到家裡當然要讀小說；不放，是真擔心一讀就放不下手，整夜一耗，第二天不知怎麼上班。

可那又怎麼樣呢？

總是思前顧後的駱駝？

8 附錄

一個出版者對二十一世紀的一些想法

寫於一九九八年十二月

未來回顧二十世紀的時候，會如何總結呢？

我的總結是：科技的世紀。

人類進化至今所發展的科技，主要都在本世紀完成。二十世紀主要的戰爭與和平，痛苦與歡樂，又和人類在本世紀所發展的科技有關。

站在一九九九年再向前看，我們要隨著科技發展，再進入什麼樣的未來？

很清楚，也很不清楚。

清楚，在於今天科技的本身可以幫我們做許多預測。

不清楚，在於今天就和一百年前「電」剛走入人類生活的時候一樣，再狂野的想像和預期，也難以和後來實際的發展相比擬。

網路和生命複製，只是小小的兩個觀察點。

在清楚與不清楚的模糊之外，卻有一點是確定的。

相對於科技的高度發展，我們對人文的認知與需求，只會越來越強烈，而不是越來越低落—雖然起初有一段時間似乎無法如此樂觀。

把時間拉長一點來看。

科技的發展固然是二十世紀最主要的註腳，但是本世紀上半葉的波瀾壯闊，還是思想與文化的實驗。

如果橫軸是二十世紀的時間，縱軸是發展的高度，那麼，我們先畫一條人文發展的曲線。這條曲線的起點很高，卻以逐漸緩慢的速度上升，到世紀末則形成一段盤整的高原期。

我們再畫一條科技發展的曲線。這條曲線的起點很低，卻以越來越快的速度升高，終至世紀末的高峰，很顯著地超越了人文曲線。

科技曲線的高度，短期內不會突然跌降；人文曲線的高度，短期內也不會急劇拉高。所以，這種消長還會持續相當一段時間。

然而，不論科技曲線在接下來的世紀還會如何升高，我認為：人文曲線會逐漸脫離這段盤整期，往一個新的臨界點拉高，突破。

甚至，我認為：隨著這兩條曲線的沿伸，到二十一世紀末的時候，人文曲線一定會再度高過科技曲線，完成一個兩百年的輪迴。只是兩者的絕對高度，屆時都已經提升到另一個境界。

我這麼認為，因為我相信物極必反。

也因為我相信人類的進化在於人文。

也因為我是一個出版者，尤其，書的出版者。

我相信：因為有出版，所以，人類前後代之間的智慧才得以傳承，同代之間的智慧才得以交流，結果和其他動物出現不同的進化。

所以，出版是人文最初也最後的保存，出版是人文最根本也最尖端的推展。

我相信出版在二十一世紀可以發揮的作用。

那麼，在科技高度發展的下個世紀裡，這種保存與推展會如何進行呢？

網路以及多媒體的整合，會給出版帶來難以想像的變化。

自十五世紀古騰堡發明排版印刷以來，出版的型態，歷五百年而大致如一。但是在下個世紀，卻要有些劇變。

如果我們只是在擔心未來新型態的出版是否會取代傳統的平面出版，那是把變化給簡化了。

應該從另一個角度來看這個變局。

托佛勒（Alvin Toffler）按人類創造財富的體系，把文明的進程，歸納為第一波農漁文明；第二波，工業文明；第三波，資訊文明。

出版也可以做類似的歸納。

第一波出版，著重寫作者個人的思想與創意。如同農漁文明，雖然十分原始，卻也十分基本。

第二波出版，強調出版的團體分工，以及通路與促銷。如同工業文明，會高度發展，但也出現許多污染。

第三波出版，在載體的變革下，進行以視聽效果為主的多媒體整合。如同資訊文明，雖然看來已經相當便利，其實仍十分粗糙。只是發展的潛力無窮。

人類有了電腦和網路，不會就此不需要公路和廚房。所以，資訊文明出現之後，不表示工業文明和農漁文明就要絕跡。同樣的，第三波出版成熟之後，也不表示第一波出版和第二波出版就要被淘汰。

只是重點有別。

未來，就重點的順序而言，第三波出版排第一，這是時代的需求和特色使然。

第一波出版次之。因為這和人類的根本需求有關，和思想的本質有關。這種需求和本質永不褪色。

第二波出版有一部分會轉化為第三波出版的型態出現，整體而言，則大幅減弱，難以構成下個世紀的特色。

其間，也許會有一些反向或負面的例證出現，但不足以動搖這種歸納。

第三波出版和第一波出版，以型態而言，南轅北轍。就本質而言，卻是異曲同工。同工於兩者都必須回歸人文的本質。

字典和百科全書，一定要隨載體的變化，而以新型態來呈現。字典和百科全書沒法因應以視聽效果為主的多媒體和網路載體，就難以呼應未來的時代需求。這是第三波出版的代表。

但是，沒有人文精神，就建立不了相稱的內容與資料；沒有相稱的內容與資料，方便而絢麗的科技載體，只會導致直接的淘汰。

因此，在第三波出版上，科技和人文，有著最遙遠也最接近的距離。

許多巔峰的哲學思想或文學創作，白紙黑字可能是最好的出版型態。這是第一波出版的代表。

這種創作，是最深邃而精煉的人文，獨立於載體的變化之外。結果，第一個可能是，文字以外的載體，根本無法完整地替代或解釋；第二個可能是，正因為太過深邃又精鍊，所以其他載體隨意將之稀釋一些，就可以當作另加表現的創作泉源，轉化為其他型態的出版，包括多媒體和網路。

不論哪一種可能，第一波出版的人文精神，都因為科技的對比或輝映，而重新凸顯其生命與價值——只要人文的精神足夠深邃。

在下一個世紀，我認為透過第三波出版，可以為人文做一些推展；透過第一波出版，可以為人文做一些保存。

不論推展或保存，都需要時間。

而發展科技的目的之一，就是節省時間。

所以，科技有助於我們進行最快速的推展或創作，也有助於我們進行最緩慢的保存或研究。

生命複製或生命再造的科技，從正面角度來看，都是人類為了延長時間所做的努力。

而這些科技在下個世紀一定有成熟的發展。

未來，就算我們用不著生命複製或再造，光是其他科技的發展，也會節省太多的時間。這些節省下來的時間，足夠我們善用。

我們對時間，不必急促。

我們應該比較優裕地看看自己的環境和空間，想想如何邁出下一步。

發展科技的另一個目的，和空間有關。節省我們使用的空間，擴大我們移動的空間。網路使得我們在虛擬空間（Cyberspace）裡方便地接觸世界各個角落；未來的超高速飛機，則將使我們在真實空間（Real Space）裡更方便地接觸世界各個角落。甚至，宇宙飛行工具會讓我們開始方便地接觸外太空。

出版者需要因應這種空間的節省與擴張，讓讀者更容易，更清楚，更直接地了解這個世界，以及宇宙。

我們先不談宇宙，只談地球。

這需要多元語文的途徑，需要多元文化的精神。

今天不論在網路或真實世界裡，英語獨大。但這種獨大，只是一種過渡。理由有二：一，科技發展下去，應該方便，而不是妨礙多元語文的使用；二，透過英語來接觸世界的各個角落，只是我們所跨出最原始的一步。越過這個原始的接觸階段，我們會渴望進一步了解這些文化、人種，與語言。這個時候，光是一種語文滿足不了這種需求—不論這種語文在現實上有多麼強勢又方便。

因此，未來如果有幸，如果願意，我們有機會擁抱一個比較多元文化的世界。

不同的文化，最難擁抱，最難嚐試。我們看看多少同一源流的文化之間都有這種困難，就可以明白。

但，只有當我們願意擁抱各種文化的時候，才可能擁抱各種新奇與可能。

參與多元文化的開拓，需要這份胸襟。

擁抱多元文化的同時，又必須對自己的文化有著感情與認識。

了解自己的人，才了解如何擁抱別人。所以，一個出版者應該了解：在人文的範疇裡，本土化的同時，才會國際化。

參予多元文化的開拓，需要這份視野。

胸襟可以開啟視野，視野也可以擴展胸襟。

胸襟加上視野，是開放。

在科技的發展下，我們對時間、空間，以及文化的認知，既然都會出現深刻的變化，

接下來，必然需要對人類、世界，以及宇宙，重新進行哲學的思考與定位。

這是我相信人文曲線在下個世紀會再度上揚的另一個理由。

然而，這些相信都是就道理而言。實際，還有很大的變數。

也就因為有變數，所以特別要看我們如何努力。

所有的出版者也都是讀者。

因此這篇文章也是一個讀者的一些想法。

一九九九年，不只是告別一個百年，也是告別一個千年。
我們即將進入新的科技歷程。
我們期待新的人文開展。

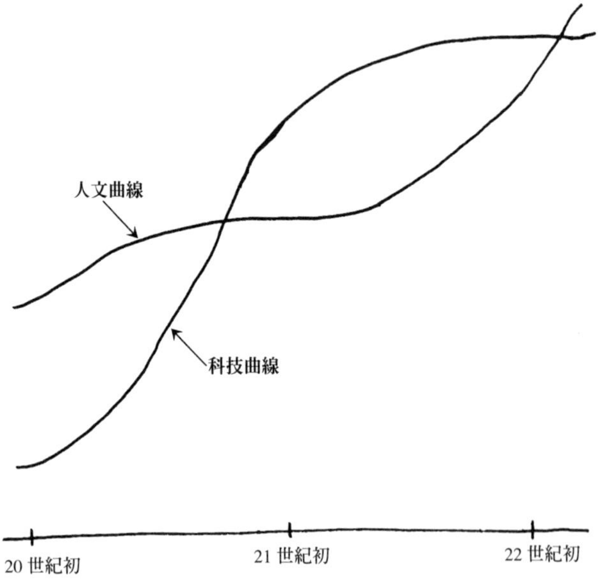

人文曲線和科技曲線的 200 年輪迴，也很像 DNA 的雙螺旋。

工作DNA

工作DNA

工作DNA

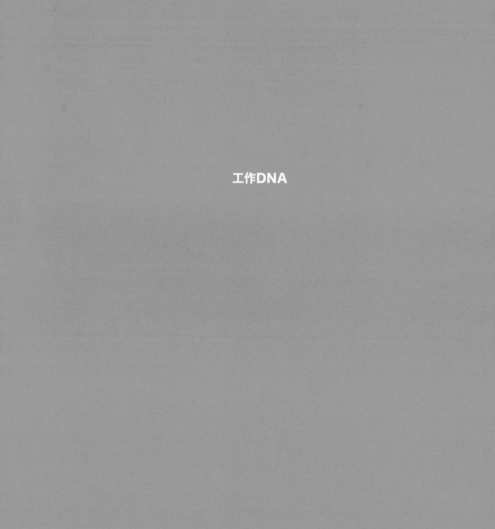

工作DNA